Notre Univers Mystérieux

Mark Nelson

Contenu

L'univers En Tant Que Conscience 1

L'univers Comme Notre Professeur 37

La Vie De L'individu Comme Reflet Ou Modèle De L'évolution Humaine 61

Où Étions-Nous (Et Pourquoi Sommes-Nous Toujours Là) .. 85

Libre Arbitre Individualisation 99

Mauvais 109

Rideau. 117

OVNI Et Devas 142

L'école Est Finie 148

Regarder En Arrière Depuis Le Futur 163

Le Grand Appel 167

L'univers En Tant Que Conscience

Quel est le sens de la vie ? En général, la vie a-t-elle un sens ? Et si oui, que devons-nous en faire ?Lorsque nous nous posons ces trois questions et cherchons des réponses, alors seulement devenons-nous humains. J'écris ces mots, et à l'extérieur de la fenêtre, il y a du givre. Je regarde avec ravissement comment le bas-relief de glace d'un millimètre d'épaisseur recouvre progressivement les deux tiers inférieurs du verre. Après une minute ou deux, une image apparaît qui ressemble à une végétation estivale luxuriante : des feuilles plumeuses et des branches aux courbes complexes sont clairement visibles. Chaque "plante" est unique et en même temps parfaitement inscrite dans la composition : elle ne laisse pas d'espaces vides et n'obscurcit pas les voisins. Une photo parfaite n'est-elle pas le fruit d'un plan parfait ?

Il est impossible de ne pas penser au sens profond de ce que je vois : l'artiste qui a créé cette œuvre étonnante - eau congelée "ordinaire" (une substance inorganique qui n'a ni gènes ni ADN). Quel type d'énergie se cache derrière de tels phénomènes et quel type de conscience doit-elle avoir pour planifier et créer une telle beauté ? Peu de gens seront capables de dessiner eux-mêmes un motif aussi parfait, et cela prendra beaucoup plus de temps que quelques minutes. Je suis encore plus surpris que les systèmes de croyances existants, partagés par les nations supposées les plus avancées de la planète, non seulement ne puissent pas expliquer de manière convaincante la plupart des mystères de la nature (c'est juste compréhensible), mais préfèrent généralement les ignorer et même essayer de nient de nombreux phénomènes qui ne rentrent pas dans le cadre de leurs idéologies. Ignorer et nier est peut-être la meilleure chose sur laquelle peuvent compter ceux qui osent attirer l'attention des autres sur de telles réalités.

Le principal problème de nos religions et de nos sciences traditionnelles n'est pas une connaissance limitée ni même une surestimation du degré de sa propre compréhension de la réalité. La plus grande erreur qu'ils commettent est lorsqu'ils attaquent ceux qui sont capables de percevoir un bien plus largeet un univers parfait et qui essaient de coopérer avec cet univers pour répandre la Lumière, élargissant ainsi la connaissance humaine bien au-delà des limites des systèmes de croyances rigides. Qu'est-ce qui nous empêche de nous dire : oui, on ne sait toujours pas grand-chose ? Pourquoi est-ce mal d'admettre qu'il y a un monde mystérieux autour de nous ? De plus, on sait que les systèmes cosmologiques de la science orthodoxe et des religions occidentales orthodoxes se contredisent largement et même, par essence, s'excluent. (Nous reviendrons bientôt.)

Et pourtant, je veux exprimer ma position dès le début : je crois que la science et la religion ont raison sur quelque chose d'important - elles voient simplement la réalité à partir de positions différentes. Mais si la science, avec toute sa rationalité, manque de sagesse, et la religion, avec toute sa sagesse, ne résiste pas à une analyse raisonnable, alors ils ne sont pas d'accord avec la Vérité universelle la plus élevée. Après tout, l'univers dans lequel nous vivons (et nous pouvons le constater par nous-mêmes autour de nous) est raisonnable, opportun, sage et, surtout, aimant. C'est ce que je vais essayer de montrer.Voici quelques exemples de phénomènes anormaux qui ont une signification profonde (et donc inquiétante) et sont donc écartés par notre établissement comme indignes d'une étude sérieuse.

Il existe de nombreux cas où le corps physique d'une personne a été séparé des "corps" supérieurs - en état de mort clinique, sous l'influence de drogues ou à grande vitesse (en cas de chute, dans une centrifugeuse), en état de choc, etc. Les personnes considérées comme inconscientes par les autres observaient leur corps physique de côté et pouvaient par la suite décrire avec précision les événements qui s'y déroulaient.Nous avons tous des rêves, et parfois des visions d'un genre différent, qui en disent long sur nos états internes (maladies non détectées, complexes, etc.), ou sur ce que l'on peut attendre du futur, et nous disent aussi comment se comporter par la suite (si nous ne sommes pas trop paresseux pour les analyser). Il existe de nombreux rapports sur le soi-disant poltergeist, la possession et d'autres phénomènes parapsychiques. Au cours du dernier demi-siècle (en fait, tout au long de l'histoire), partout dans le monde, des personnes dignes de confiance ont vu des ovnis. Et beaucoup - à un niveau ou à un autre - ont eu des contacts avec des "extraterrestres".

Dans différents pays du monde, les soi-disant "crop circles" apparaissent spontanément - d'énormes pictogrammes des formes géométriques les plus diverses et les plus belles. Tout le monde peut les voir, et tous les cas ne s'avèrent pas faux.
Tout au long de l'histoire humaine, il y a eucombustion spontanée spontanée des personnes, et toutes les

tentatives pour reproduire artificiellement ce phénomène ont échoué. Les souvenirs de vies passées, apparaissant chez de nombreuses personnes, peuvent indiquer la répétition de la vie. Parfois, les enfants donnent de tels détails sur des personnes et des événements du passé, ou sur des endroits éloignés qu'ils ne pouvaient pas connaître.

Cette liste peut être poursuivie longtemps. De nombreux livres ont été écrits et de nombreuses photographies et vidéos ont été réalisées documentant ces phénomènes dits "anormaux". Mais au lieu de les examiner honnêtement et d'élargir notre connaissance de cet univers étonnant, l'établissement montre une réticence totale à écouter tout ce qui pourrait les déranger profondément.les systèmes de croyance organisés (bien que ces derniers soient clairement imparfaits et qu'ils soient de plus en plus démentis). Heureusement, maintenant - comme cela arrive périodiquement sur n'importe quelle planète - de nouvelles énergies fraîches arrivent sur notre Terre, et des gens de divers horizons commencent à être sceptiques quant aux anciennes explications, réalisant dans leur cœur que la vie est bien plus que nos institutions publiques.

Alors, répétons ce qui a été dit : les systèmes cosmologiques de la science orthodoxe et des religions occidentales orthodoxes se contredisent à bien des égards et même, par essence, s'excluent. Un système est basé sur la croyance erronée que le plan physique et ses phénomènes associés sont tout ce qui existe réellement. (Et tout ce qui existe est arrivé par hasard !) Un autre système, commun à plusieurs religions, prétend essentiellement que tout a été créé par une divinité capricieuse et très cruelle sans raison claire (les qualités et les désirs attribués à ce dieu correspondent toujours étrangement à l'idéologie des cercles dirigeants). Les pouvoirs en place ont tendance à essayer d'être un pied dans chaque camp, et il est très important pour eux de nier, d'ignorer et de réfuter tout ce que la science et la religion ne peuvent pas expliquer.

C'est la nature des systèmes humainscroyances, nos idéologies, notre établissement - ils prétendent avoir toutes les réponses pour attirer et retenir les adhérents et ainsiperpétuer son existence en "maintenant l'ordre". Et nous-mêmes, petites personnalités, sommes encore très immatures, et nous aimons croire que nous sommes beaucoup plus intelligents que nous ne le sommes réellement. Penser que nous, ou n'importe quelle autre personne, ou n'importe quel système de croyance humaine, a toutes les réponses n'est pas un signe d'ignorance ? Inversement, le premier signe de sagesse est la compréhension que nous avons encore beaucoup à apprendre. Mais, puisque nous sommes encore à un stade relativement précoce de l'évolution humaine, il arrive souvent que "l'aveugle conduise l'aveugle". Que reste-t-il à faire à une personne pensante normale si notre paradigme culturel est conçu pour les schizophrènes ? (En fait, il s'agit plutôt d'un paradigme de jumeau siamois, car de nombreuses personnes sont à l'aise avec les deux systèmes de croyances en même temps.)

Compte tenu de ce qui précède, les gens peuvent être divisés en deux catégories : certains sont toujours prêts à percevoir de nouveaux aspects de la Vérité qui sont constamment révélés à l'humanité. D'autres s'accrochent à de « bonnes vieilles » croyances et résistent à tout ce qui les sape, sans se rendre compte que, historiquement, ces croyances sont relativement récentes. J'appellerais le premier groupe "penseurs", et le second - "croyants". On peut supposer que les agnostiques et les athées qui sont fiers de ce qu'ils ontvision "scientifique" ou "sceptique" de la réalité, tombent dans la catégorie des penseurs, pas des croyants. Mais ce n'est pas toujours le cas. Nous sommes constamment confrontés au fait que l'establishment scientifique défend aussi obstinément ses dogmes et s'oppose à tout ce qui n'est pas orthodoxe que n'importe quelle religion fondamentaliste. Et c'est tout l'intérêt. Évidemment, pour élargir votre connaissance de la vie, vous devez au moins laisser la possibilité de restructurer votre propre vision du monde lorsque de nouvelles vérités (scientifiques ou religieuses) sont découvertes, et ne pas rejeter automatiquement ce qui nous est incompréhensible.

Commençons par la religion. Lorsque vous étudiez sérieusement l'essence de nombreuses grandes croyances religieuses - profondément et sans préjugés - il devient clair qu'il y a bien plus en commun que des désaccords. Des désaccords et des divergences apparaissent après le départ de l'enseignant inspiré. Après tout, s'il y a un "Dieu", alors est-il possible d'imaginer qu'un Être digne de ce nom révélera toute la véritépour tous les temps une seule fois - au peuple élu en un seul endroit - et ignorer tout le reste ? S'il y a un Dieu, alors nous sommes tous ses enfants, et il nous aime également. S'il y a un Dieu, alors Il, comme le soleil, brille sur tout le monde.

Par conséquent, une personne sage évalue

constamment la "tradition", en utilisant sa perspicacité et son intuition pour comprendre la différence entre la vraie sagesse durable qui contribue à l'évolution spirituelle de l'humanité, et ce qui au fil du temps est devenu juste un autre dogme sans signification qui n'aide pas l'illumination future. de quelque manière que. Alors, peut-être que tout le kaléidoscope des visions du monde sur notre planète, y compris les nouvelles révélations qui arrivent continuellement, sont les pièces d'un puzzle géant ? Et si vous ne construisiez pas un mur impénétrable autour de chaque petit fragment, rejetant tout le reste, comme le font de nombreux systèmes de croyance, Que diriez-vous d'un regard du haut d'une montagne ? Ne verra-t-on pas alors que chaque fragment met l'accent sur un aspect particulier de la vérité universelle ?

Parlons maintenant de la science orthodoxe. Si vous ne croyez pas en Dieu, pouvez-vous croire que les scientifiques humains ordinaires peuvent tout savoir ? Beaucoup pensent que les théories scientifiques actuelles de l'évolution ont déjà expliqué en détail la vie sur Terre depuis le tout début jusqu'à l'état actuel incroyablement complexe. Mais de nombreuses vérités scientifiques, nées il y a seulement un siècle, ne semblent-elles pas aujourd'hui quelque peu primitives et même absurdes ? Ne réalisons-nous pas maintenant que des décennies passeront et que de nombreuses vérités scientifiques d'aujourd'hui paraîtront tout aussi stupides ? Gardez également à l'esprit que les théories scientifiquescommencer par des axiomes et des postulats - c'est-à-dire des positions initiales qui ne vont pas de soi, mais qui sont acceptées sans preuve. Prenez n'importe quelle théorie matérialiste et suivez sa chaîne logique : à la fin vous tomberez sur une base non confirmée, et tout se terminera par un miracle interprété par d'autres miracles.

Étonnamment, de nombreux scientifiques pensent que la science sait déjà assez bien comment l'univers s'est formé et comment l'univers fonctionne, et il ne reste plus qu'à clarifier les détails. Mais c'est loin d'être vrai !Cependant, cette conviction même indique que bientôt de nouvelles vérités profondes (pour nous) seront données à l'humanité. Parce que c'est ainsi que l'univers nous éclaire. Tout d'abord, une certaine vérité est révélée. Puis, quand elle devient enfin acceptée et "orthodoxe", une autre vérité est révélée, qui remplace l'ancienne. Cela se produit sans fin et conduit toujours à l'expansion de la conscience humaine. Une idée nous est donnée, elle se dépose dans l'esprit humain et devient peu à peu un idéal universellement reconnu, qui finit par se cristalliser en une idéologie. À ce moment-là, le temps approche déjà pour l'introduction d'une idée plus large dans l'humanité. Ce processus se répète encore et encore, et en conséquence, l'humanité devient progressivement de plus en plus éclairée.

Que personne ne pense que ce livre est contre la science ! Je veux que ce soit clair dès le début : ce sont les scientifiques qui, dans un avenir proche, confirmeront scientifiquement la présence de dimensions de l'être en dehors du monde physique. Enfin, tout le monde admet que les gens ont en effet de nombreuses capacités psychiques.facultés maintenant niées par la science matérialiste. Il est extrêmement important de réaliser qu'aux niveaux supérieurs la "Science Spirituelle" a toujours existé ! C'est cette précipitation des connaissances disponibles dans la conscience humaine sur de longues périodes de temps qui a toujours soutenu la croissance continue de l'intelligence et de la sagesse humaines, qui à son tour a alimenté notre évolution. Alors que nous continuons à absorber les vérités supérieures, nous continuerons à nous éloigner de plus en plus du stade animal et à nous déplacer encore plus rapidement vers une conscience supérieure - vers l'illumination, prédite par les enseignants de l'humanité.

Je suis pleinement convaincu que la vérité profonde se trouve au cœur de toutes les grandes religions. Et sans aucun doute, les scientifiques ont déjà fait d'innombrables découvertes et continueront à le faire. Ces découvertesconduit et conduira à une augmentation significative des connaissances humaines. Agissant ensemble, ces deux branches de la recherche humaine (science et religion) peuvent et doivent apporter, et apporteront certainement, la contribution la plus importante à l'illumination de l'humanité. L'illumination de l'humanité viendra lorsque nous réaliserons notre potentiel d'Intelligence, de Sagesse, d'Amour. La sagesse éternelle s'étendant à travers des perspicacités constantes, conduira à une compréhension encore meilleure de la vérité universelle et nous libérera du fardeau de l'ignorance.

La vérité universelle est ce dont je voudrais parler dans ce livre. C'est la vérité qui reflète la réalité absolue de notre univers. La vérité que tous les chercheurs sérieux tentent de découvrir. La vérité qui incarne la vérité des signes évidents : cohérence, cohérence, cohérence. La vérité, qui, bien qu'éternelle, continue d'être révélée à mesure que la conscience de l'humanité grandit. Et le plus important : c'est la Vérité qui résonne avec notre essence sacrée la plus haute, la plus profonde - avec notre Cœur, avec notre Âme. C'est sa principale caractéristique.

La raison d'écrire ce livre n'était rien de moins qu'un désir d'aiderdonnant vie à un nouveau paradigme cosmologique indispensable !Ce nouveau paradigme est maintenant en train de s'imposer partout sur la planète. Nous avons tous un choix : nous pouvons profiter de cette nouvelle formidable opportunité pour étendre notre Conscience (Vie) et devenir une partie importante de ces nouvelles énergies. Ou nous pouvons continuer à vivre dans une relative ignorance, en choisissant ce qui nous convient parmi les systèmes de croyances limités de notre culture et en laissant les autres penser à notre place. Et encore une fois nous demandons : quel est le sens de la vie ? En général, la vie a-t-elle un sens ? Et si oui, que devons-nous en faire ? Ces trois questions sont en fait trois aspects de la recherche unifiée.

C'est ce que nous recherchons. Et si vous participez à cette activité des plus importantes, vous ne regarderez plus jamais le monde de la même façon.Dans les pages suivantes, j'ai essayé de rassembler certaines des connaissances les plus profondes et les plus essentielles dont dispose l'Homme. Connaissances acquises auprès des meilleurs enseignants et des meilleurs enseignements du passé et du présent, confirmées (et élargies) par l'expérience de la vie. En un mot, c'est le genre de connaissance qui mène à la Sagesse. L'acquisition d'une qualité telle que la Sagesse, avec l'Amour, est l'objectif principal de la vague humaine de vie dans laquelle nous nous trouvons actuellement. Ce livre devrait trouver une réponse dans votre Âme, dans votre Cœur. Puisqu'il en est ainsi, cela ne peut pas contredire le Mental Supérieur, car l'Âme et le Mental Supérieur sont unis dans l'Être humain. Tout ce qui dans ce livre ne résonne pas dans votre Cœur, dans votre Âme, dans votre intuition, jetez-le ! N'acceptez que ce qui résonne avec votre Soi Supérieur et Meilleur.

Mais je dois dire tout de suite : il n'y a rien de vraiment nouveau dans ce livre. Des concepts qui peuvent sembler inconnus pour beaucoup de gensa toujours existé dans un enseignement connu sous plusieurs noms : Sagesse Éternelle, Sagesse Ancienne, Enseignement Esotérique, etc. Lorsque le pouvoir a tenté de supprimer ce savoir, il a été préservé grâce à des sociétés secrètes. De plus, nombre de ses éléments se retrouvent dans les Écritures du monde, surtout lorsqu'elles sont lues au niveau de l'Âme ! Les maîtres divins de l'humanité ont toujours souligné : plusune personne devient éclairée, le sens profond lui est révélé dans ses enseignements. Par conséquent, à mesure que notre conscience grandit, nous commençons à voir non seulement le sens littéral des Écritures. Ces sermons et histoires correspondaient au niveau intellectuel de la personne moyenne vivant au moment où ils ont été écrits. Mais il y avait aussi des vérités plus élevées en eux, attendant que les gens se réveillent et voient leur signification.

Une grande partie de ce dont nous allons parler se trouve également dans les livres des grands penseurs et philosophes de tous les temps. Et certaines idées, peut-être sous forme d'idées, vous ont vous-même rendu visite.Et, bien sûr, je ne voudrais pas que tout cela soit accepté par quiconque comme un nouvel évangile. Dans aucun cas ! Et sans cela, il ne manque pas de personnes qui essaient de vous convaincre que le système de croyances auquel elles croient est le seul, et que c'est seulement en lui que vous pouvez trouver des réponses à toutes les questions. (Et plus ils en doutent inconsciemment, plus ils travaillent pour convaincre les autres, et avec eux-mêmes.) La dernière chose dont vous avez besoin (et que vous ne trouverez pas dans ce livre) est plus de conseils sur ce qu'il faut croire. Ceci n'est qu'une présentation de ma compréhension de la réalité - sans doute limitée et imparfaite. En général, je conseille à tous ceux qui ont atteint ce niveau de développement de conscience auquel les gens commencent à lire de tels livres, d'aborder tout texte de manière critique et sans préjugés.

Ainsi, dans ce livre, vous trouverez une "vision du monde" complète (bien que brièvement énoncée) (en outre, la "vue" du monde externe et interne), que vous pouvez comparer avec n'importe quelle autre vision du monde, et surtout - avec la vôtre expérience de la vie. Même si à ce stade de votre vie vous êtes convaincu que la vie n'a pas de but, continuez à lire. Nous parlerons du fait que cette étape s'inscrit aussi dans le grand sens de la Vie. Et si nous, les humains, ne faisions pas que croire ce qu'on nous dit, mais testions la réalité à travers notre propre expérience et observation, acceptant parfois la sagesse conventionnelle et recherchant parfois de meilleures explications ?

Et si toutes les affirmations sur le sens de la vie étaient fausses et que nous devions apprendre à voir les réponses par nous-mêmes ? Quelles grandes vérités recevrons-nous des petites vérités, quand - un peu plus loin dans ce livre, nous aborderons les questions suivantes, très différentes et parfois assez banales : Si les cellules de notre corps sont très souvent mises à jour, alors pourquoi est-il déjà en l'âge moyen commence à montrer des signes de vieillissement? Pourquoi vieillissons-nous du tout? Pourquoi la mort est-elle bonne pour la race humaine, et pourquoi ne devrions-nous pas essayer d'éliminer la mort naturelle ? (Supposons que c'est en notre pouvoir.) Pourquoi, à l'état embryonnaire, les humains (et d'autres animaux) répètent-ils les premières étapes du développement animal ?

Pourquoi les bébés ont-ils des rides (et des empreintes digitales) sur les mains avant même la naissance ?

Pourquoi l'ambiguïté de genre se retrouve-t-elle parfois parmi les gens ? (Et pourquoi est-ce plus courant maintenant qu'avant ?)

Pourquoi certaines personnes consacrent-elles leur vie à un service altruiste, tandis que d'autres deviennent des tyrans avides (forts et pourtant mesquins) ?

Pourquoi une personne normale peut généralement faire la différence entre les "fausses" notes, même sans éducation musicale, et pourquoi y a-t-il des "fausses" notes ?Pourquoi y a-t-il une relation directe entre la musique, le son, les mathématiques et même la croissance organique ?

Pourquoi dit-on que les personnes créatives et perspicaces ont du « goût » ? Pourquoi le sport est-il nécessaire et pourquoi est-il si populaire ? Comment se fait-il que presque partout, juste sous la surface de la planète, il y ait de l'eau potable ?

Pourquoi les minerais - métaux, minerais, charbon, pétrole, etc. - se retrouvent le plus souvent sous forme de « gisements » éparpillés les uns autour des autres ?d'un ami sur de longues distances?

Si cela ne vous suffit pas, ne désespérez pas : nous parlerons peut-être de bien d'autres sujets qui vous ont intéressé. Et en les discutant, ce livre montrera que l'univers n'est pas seulement « ami » avec nous : ilnotre véritable ami. Oui, notre Univers est un Être bienveillant, patient, sage en tout, aimant. Un être qui prend à cœur nos pensées les plus élevées et les meilleures. Peut-être que je lis dans vos pensées. Vous pensez : comment pouvez-vous dire une chose pareille ! L'histoire se souvient de tant d'événements sanglants ! Ouais univers "friendly" !

Oui, nous avons tous éprouvé de la douleur et de la perte, certains moins, d'autres plus. Mais aussi douloureuse que puisse être la phase humaine de notre long voyage, si nous voyons le tableau plus large de l'évolution cosmique, nous nous rendrons compte que notre souffrance (relative et temporaire) a ses causes, ainsi que nos joies.Tout cela est une partie nécessaire de notre évolution consciente et de l'évolution de notre Univers miséricordieux. C'est peut-être difficile à croire, mais nous jouons tous un rôle dans le "Plan Divin", ou dans le "Grand Plan d'Ensemble", comme on l'appelle aussi. Le monde qui nous est offert est incroyablement beau et étonnant.

Et, plus important encore, nous devons reconnaître que la plupart de nos problèmes (humains) sont notre propre création. Cela signifie que la seule façon de s'élever plus haut et de ne pas nous causer plus de douleur est d'élever la conscience.La croissance de la conscience est une et souvent la seule solution à tous les problèmes !

Et encore (pour la dernière fois):Quel est le sens de la vie ? En général, la vie a-t-elle un sens ? Et si oui, que devons-nous en faire ? Toute personne consciente cherche à le savoir. Chaque personne doit savoir cela! À savoir:
Nous devons d'abord comprendre que nous ferons toujours partie, une partie croissante de cette merveilleuse - incroyable - bénédiction absolue appelée la Vie.

La vie est un état en constante expansion dans lequel vous avez toujours été et serez toujours (que ce soit dans le corps physique ou en dehors de celui-ci).

La vie vécu comme l'Éternel Maintenant.

La vie permet et encourage, en fait exige même que nous réalisions notre potentiel et accomplissions notre destin. Notre destin implique la croissance constante de la conscience afin que nous puissions devenir rien de moins que des co-créateurs, avec toutes les autres formes vivantes au sein de la plus grande Vie !

La vie beaucoup plus important et beaucoup plus complexe qu'on ne peut l'imaginer. Et, plus important encore, notre grande Vie conduira l'humanité vers un avenir merveilleux qui nous est ouvert et qui n'attend que notre décision et notre action équilibrées !

La vie c'est Tout : ce que nous tenons si souvent, sans réfléchir et sans apprécier, pour acquis.Nous devons comprendre et nous éveiller à la prise de conscience que la petite vie que nous vivons est un don, couplé au devoir de Vie absolue, qui embrasse tout l'univers connu et inconnu, tout ce qui existe, le Cosmos. Certains l'appellent Dieu.

Cependant, en fixant nos priorités, nous nous sommes considérablement écartés du discours sur les nouvelles énergies qui ont un impact sur notre planète. Revenons à ce nouveau.

Environ tous les deux millénaires, une nouvelle couche d'enseignements est introduite dans la conscience de l'humanité, et progressivement la plupart des gens deviennent des partisans du nouveau paradigme. Ces vérités supérieures viennent des Royaumes supérieurs et des Êtres supérieurs qui gouvernent la race humaine. Voici l'un des principaux concepts du nouveau paradigme actuel : nous ne vivons pas dans un univers de matière et d'espace, mais, par essence, dans un univers d'énergies. Rappelez-vous : il n'y a pas de "matière" dense !

Ce que nous prenons pour de la matière n'est que le résultat de l'activité de l'énergie au niveau le plus bas et le plus grossier. Et bien que la science ait récemment reconnu cette vérité importante, seuls quelques-uns des scientifiques les plus éclairés (et leur nombre ne cesse de croître) réalisent que les énergies ont une qualité que l'on pourrait appeler la conscience. Disons-le autrement : l'énergie est le résultat de l'activité de la conscience. Ce que nous percevons comme matière est, en fait, l'énergie (la conscience) au niveau le plus bas.

Qu'est-ce qu'un niveau ? Parlons-en plus en détail, car

cette question est également très importante. Tout le monde sait que nous existons et que nous nous exprimons à différents niveaux. Nous avons un corps physique et nous nous exprimons physiquement ; nous avons des émotions et nous nous exprimons émotionnellement ; nous avons un esprit, et donc nous sommes capables de penser rationnellement. Mais beaucoup d'entre nous ne comprennent pas que nos corps émotionnel et mental sont tout aussi réels que le corps physique, et qu'ils existent à leurs niveaux (plans, sphères) de la même manière que notre corps physique existe sur le plan physique. Et, bien qu'ils soient généralement associés à notre corps physique à l'état de veille, ils peuvent exister sans lui. Il est entendu que ce sont les sphères (corps) dans lesquelles "nous" habitons pendant le sommeil (et aussi après la mort du corps physique). Mais l'aspect correspondant de nous vit dans ces champs (sphères) même lorsque nous sommes éveillés. A l'état de veille, ces champs (sphères, corps) dépassent un peu les limites de notre corps physique et peuvent être perçus de l'extérieur comme notre "aura".

Tous nos corps énergétiques (inférieurs et supérieurs, spirituels) forment ensemble notre champ énergétique, notre véritable "moi". Les scientifiques à l'esprit orthodoxe essaient de prouver qu'il n'y a qu'un plan physique et que toutes nos diverses émotions et pensées sont nées de causes physiques. Ils ne le prouveront jamais : les éléments chimiques, comme toute autre matière, ne sont pas capables de penser et de ressentir comme nous le faisons au niveau humain. Ce qui est vrai, c'est que ces corps énergétiques plus fins pénètrent profondément dans notrele corps "physique" lorsque nous sommes vivants et éveillés.

Notre corps physique lui-même n'est qu'une forme d'énergie inférieure et grossière. Pour le voir, considérez les cas où des personnes sont gravement blessées et « s'évanouissent » (de façon permanente ou temporaire), même si le cerveau n'a pas été physiquement endommagé. À l'inverse, il y a des cas où une personne a une lésion cérébrale grave ou même une partie importante du cerveau enlevée, mais la capacité mentale n'est pasdiminue et il conserve toujours ses facultés de réflexion. Cela n'indique-t-il pas que nous avons un esprit qui ne dépend pas du cerveau pour son existence, mais qui utilise le cerveau comme moyen de fonctionner dans le monde physique ?

Il reste encore beaucoup à apprendre sur ce que l'on appelle le "retard mental" à l'avenir. Je ne pense pas que dans la plupart des cas la personnalité ou l'esprit soit retardé ; au contraire, ce corps mental n'est pas assez en accord avec le corps physique, peut-être à cause de blessures physiques. Ou c'est peut-être parce que le Soi Supérieur, ou Âme, poursuit ses propres objectifs.Une raison possible du "retard mental" pourrait être qu'au cours de nombreuses vies, l'esprit est devenu trop dominant et a en fait bloqué l'aspect amoureux. Dans de telles situations, il peut êtreil est souhaitable de "mettre de côté" l'esprit (dans une certaine mesure) pour une période d'une vie, afin que l'énergie de l'Amour (Cœur) puisse circuler librement et apporter plus d'harmonie à un être vivant.

Il est bien évident que les véritables menaces pour l'humanité viennent de ceux dont le cœur, ou « corps d'amour », est défectueux ! Pas de ceuxqui a des déficiences dans le corps mental, émotionnel ou physique.

Nous devons comprendre que notre monde physique et nos sensations physiques ne sont qu'une forme d'énergie (relativement) faible et grossière, et en fait ils sont comme une ombre déformée des mondes supérieurs. Et, plus important encore, nous devons développer une conscience supérieure en nous-mêmes afin de comprendre ces mondes supérieurs. Ce n'est qu'alors qu'il deviendra beaucoup plus facile de comprendre d'autres domaines de la réalité. Cela est particulièrement vrai des plans ou mondes spirituels. Oui, il existe d'immenses plans supérieurs (certains les appellent spirituels), ou des mondes (ou des sphères ? des dimensions ? des champs ?), et le monde intérieur de l'individu les reflète vaguement et à un niveau beaucoup plus bas.

Maintenant, soyons clairs sur ce que nous entendons par "plans ou mondes spirituels". En dehors de toutes les associations que nous pouvons avoir avec le mot "spirituel", il se réfère principalement à des niveaux de conscience spécifiques qui sont liés aux domaines de conscience dans lesquels nous habitons normalement, mais qui les transcendent. En d'autres termes, dans quelque dimension (monde) qu'un certain être vit (minéral, végétal, animal, humain, dans le monde de l'Ame, etc.), les êtres des règnes supérieurs remplissent en un certain sens une fonction évolutive "spirituelle" dans rapport aux êtres qui se trouvent dans les royaumes des niveaux inférieurs. Cela signifie que nous, les humains, pouvons être considérés comme "spirituels" par rapport aux royaumes inférieurs.

Par conséquent, devenant pluséclairés, nous commencerons à en assumer une plus grande responsabilité. De la même manière, ceux qui sont au-dessus de nous sur la vague de la vie (nous les appelons les anges gardiens ou esprits guides, la Hiérarchie Spirituelle, etc.) sont chargés de nous aider dans notre évolution.Lorsque notre conscience grandira, lorsque nous deviendrons des êtres sages et aimants et que nous serons initiés au domaine supérieur suivant (le domaine du pur Amour-Sagesse), nous ne le percevrons plus comme un paradis spirituel, mais simplement comme notre habitat habituel. (Nous en reparlerons plus tard.)

Regardons cela sous un angle différent : si un grand Être Divin (dont l'habitat normal est le monde spirituel) descendait à un niveau inférieur, qui, cependant, pour nous reste toujours spirituel, alors pour ce grand Être ce serait une tragédie, déclassement, si vous voulez. Les écritures et les mythes du monde nous disent que cela s'est réellement produit (bien que rarement).Bien sûr, nous ne parlons pas ici de ceux qui se sacrifient en s'incarnant dans le règne humain afin d'aider à notre illumination ultérieure. Nous soulignons encore une fois : en parlant de "niveaux spirituels", nous entendons simplement des niveaux de conscience supérieurs dans lesquels nous ne nous attardons pas encore consciemment et que nous ne pouvons donc pas pleinement comprendre. Bien sûr, ces royaumes spirituels ne ressemblent en rien à l'image d'un enfant naïf dans laquelle de belles personnes sont assises sur des nuages et écoutent la musique des harpes, et des anges les surveillant voltigent.

Tous les enseignants et les écrits inspirés nous disent que ce spectre supérieur de la Vie est perçu comme plus brillant et plus significatif que les royaumes que nous habitons maintenant. Et, bien que nous trouvions que la vie dans ces royaumes supérieurs apporte beaucoup plus de joie, notre recherche spirituelle se poursuivra là-bas.Quand quelqu'un mérite le droit d'entrer (ou de se déplacer vers) ce plan d'existence (et cela finira par nous arriver à tous grâce à nos efforts au cours de nombreuses vies), il est convaincu que c'est le niveau des meilleures qualités humaines - et beaucoup plus. C'est le siège de l'esprit abstrait - la plus haute correspondance de l'esprit discriminant - où la compréhension intuitive (sa parfois appelée connaissance directe).

C'est le Royaume où l'Amour sage et la Sagesse aimante règnent en maîtres ! Compassion, altruisme et raison pure remplissent l'atmosphère.C'est le "Ciel", où tout le monde est uni par une Volonté ardente, concentrée et résolue pour servir le Plan Divin. Ce sont les trois aspects principaux, ou les trois faisceaux d'énergie divine. Espace! Dans ces rares moments où nous atteignons notre plus haut état de conscience joyeuse et aimante, lorsque nous expérimentons nos pensées les plus subtiles, nous ne touchons que le reflet inférieur de cette véritable demeure de notre Soi spirituel (nous en reparlerons plus tard). Mais il convient de noter que les êtres qui ont dépassé le niveau physique dans leur développement et dont la conscience est concentrée dans ces mondes, comme nous les appelons, Spirituels, perçoivent tout d'une manière complètement différente, pas de la même manière que nous. Bien sûr, il faut s'y attendre, car leur perspective est beaucoup plus élevée et plus large que la nôtre.

Un autre point important : tout ce que vous, moi ou n'importe qui d'autre sait vraiment, ce sont nos pensées et nos sentiments. En fin de compte, il est impossible de prouver avec une certitude absolue qu'il existe autre chose que la conscience. Vous n'avez pas besoin de réfléchir longtemps pour en être convaincu. Mais les "jeux d'esprit" ne sont pas l'intention de ce livre. Il existe de nombreuses raisons importantes pour lesquelles ce que nous percevons comme le monde extérieur existe, et cela doit être pris au sérieux. Revenons à l'énergie.

Alors que nous commençons à réaliser que "tout est énergie", que toute énergie a le potentiel d'être bonne ou mauvaise (pour nous) et que tout ce avec quoi nous entrons en contact nous affecte d'une manière ou d'une autre, nous commençons à mieux voir les différences. entre forces. N'importe quel endroit, n'importe quelle personne, arbre, temps, bruit, chanson, couleur - tout, dans une certaine mesure, contribue à la croissance de notre conscience ou la ralentit.Alors, quand quelqu'un commence à réaliser que Tout est Énergie, et apprendre le langage de l'énergie est l'étape la plus importante dans l'évolution spirituelle de cette personnalité ! Nous pouvons comprendre l'énergie comme ce que nous percevons au niveau des sens physiques, mais les énergies vraiment significatives sont extrêmement subtiles et ne peuvent être ressenties qu'avec l'aide de nos corps énergétiques supérieurs (spirituels) (et de leurs centres) qui ont la vibration appropriée. fréquences. Une petite parenthèse.

Ce qui précède explique pourquoi nous devrions, dans la mesure du possible, utiliser les "dons de la nature" dans leur état naturel - lorsque les énergies sont le mieux équilibrées et se complètent, ce qui donne l'effet le plus bénéfique. Il faut bien comprendre que le tout n'est en aucun cas la somme de ses parties ! Le tout, et le tout seul, contient toute l'essence intérieure de la Vie. C'est pourquoi, lorsque nous démontons un produit naturel et essayons d'isoler, de concentrer et de recueillir son essence, souvent beaucoup est irrémédiablement perdu. Une telle bêtise nous a déjà fait beaucoup de mal : maladies, toxicomanies, autres addictions, etc. Qu'il s'agisse d'énergies « physiques » ou « subtiles », que l'on cherche à isoler les vitamines des aliments ou l'énergie lumineuse du soleil, il faut comprendre:Nous devons comprendre que même les formes inférieures d'énergie ne sont pas seulement des forces aveugles : elles ont leur propre rythme de vibration et elles correspondent aux manifestations supérieures d'énergie.

Par exemple, on sait que les proportions dans notre système solaire (les orbites des planètes, etc.) sont directement liées à ce que nous percevons comme harmonie musicale, formes géométriques, rapports mathématiques, etc. C'est grâce à l'omniprésence de proportions et de rapports corrects que les gens perçoivent inconsciemment certains sons et formes comme beaux, et d'autres comme "laids", et finissent par apprendre à utiliserproportions et relations correctes dans toutes leurs affaires. Cela seul devrait suffire à montrer aux plus grands sceptiques que l'univers entier est basé sur une seule idée, un plan. Précisons : le Plan Divin. Si on parle de création, on sait que dans diverses traditions religieuses tout commence par un mot ou un son. Le son initie ou, au moins accompagne le début de la manifestation physique. C'est juste. Le son, audible ou inaudible, accompagne la création (et la destruction) de la matière, tout comme la lumière (et les énergies électromagnétiques encore supérieures) est créatrice aux plus hauts niveaux. Lorsque cette vibration qui accompagne l'univers atteindra sa pleine harmonie, nous aurons une symphonie de sphères, le cosmos s'achèvera et nous pourrons nous immerger dans une paix silencieuse.

Pour résumer : Matière-Espace = Énergie = Conscience ; c'est la même chose, mais c'est perçu différemment à différents niveaux deéclaircissement. Cependant, la Conscience est toujours primaire; en fait, c'est l'univers. Tout est Vie Consciente ! Oui, chaque atome, molécule et cellule, chaque pierre, chaque plante, sans parler de chaque galaxie, étoile ou planète - tout est doté de sa propre énergie inhérente, de sa propre forme de conscience. De plus, ce que nous appelons "l'espace" symbolise en fait le plus haut niveau de Conscience. Il est dit : « Dieu habite dans les interstices ». Si oui, quelle signification cela a-t-il pour la science (ou "l'art") de l'astrologie ?

Si nous vivions dans un univers de matière, alors les principesl'astrologie serait difficile à reconnaître de quelque façon fiable. D'un autre côté, si l'univers tout entier est constitué d'énergies conscientes (en fait, de grands Êtres) qui forment une unité cosmique, cela, bien sûr, va de soi.en soi ne prouve pas encore les principes de base de l'astrologie, mais offre au moins un contexte dans lequel les énergies de ce que nous percevons comme des corps cosmiques peuvent nous affecter, nous et notre planète. Si la gravité, la lumière du soleil et le "vent solaire" que nous connaissons, les rayons cosmiques et de nombreuses autres forces connues et inconnues affectent notre planète à des niveaux inférieurs (ces influences peuvent être mesurées à l'aide d'instruments existants, encore imparfaits), ne peuvent pas les énergies stellaires ou planétaires ont-elles aussi sur nous un effet à des niveaux supérieurs qui n'est pas encore mesurable par des instruments ? Notre jeune humanité n'a même pas commencé à étudier les myriades d'énergies et de forces qui forment notre cosmos. Il existe d'autres niveaux et gammes d'être que nous ne pouvons même pas encore imaginer.

Voyons où nous mène ce raisonnement. Si (comme l'affirment les Enseignements de la Sagesse) l'Univers est l'étendue infinie de la Vie, l'Esprit Cosmique qui englobe tous les niveaux de conscience et s'étend du "sommeil sans rêve" de la pierre à l'esprit ardent grandiose et incompréhensible du grand "Seigneur" de la galaxie - et au-delà Alors, qu'est-ce que la conscience exactement ? Bien sûr, c'est quelque chose de bien plus et de très différent de tout ce que nous, les humains, pouvons comprendre avec nos esprits très limités aujourd'hui. L'impossibilité de déterminer les qualités de cette conscience possédée par des règnes supérieurs, inférieurs ou parallèles est évidente : pour celanous devons avoir un niveau de conscience comparable. Puisque l'humanité n'occupe qu'une infime partie dans un très large éventail de Conscience-Vie, il n'est pas nécessaire d'en parler.

A la première tentative de donner une définition de la conscience, nous rencontrerons immédiatement les limitations sévères de nos langues européennes - langues essentiellement commerciales et techniques, presque étrangères à l'Esprit. Le sens attaché à notre mot "conscience" est réduit au domaine de la raison et du sentiment, car c'est ici que l'humanité se polarise, et donc le mot lui-même ne peut rien signifier qui dépasse ces fonctions.Mais le langage façonne (et limite) nos concepts !

De plus, les personnes impliquées dans la physique sont généralement concentrées dans leur esprit concret (inférieur) et perçoivent tout à ce niveau. Ils ne sont pas capables de voir clairement aux niveaux supérieurs et abstraits de la conscience humaine, et il leur est donc difficile de comprendre ces mondes plus subtils.(Il y a des raisons à cela, et nous en reparlerons plus tard.) Dès que notre conscience s'élargit et s'élève à un niveau tel qu'elle capture déjà la sphère de l'amour-sagesse (une sphère très importante !), nous commençons à comprendre quel énorme potentiel nous avons et quels énormes dons supérieurs nous attendent.

Nous ne comprenons peut-être pas cela immédiatement, mais lorsque nous commençons à nous rapporter à la vie avec un sens des responsabilités et de la bonne volonté, nous entrons dans le Chemin (que nous créons nous-mêmes) - le chemin spirituel le plus élevé dont tout le monde parlera religion. Une responsabilité. Bonne volonté. Attention. Grâce à eux, la sagesse s'acquiert progressivement au fil de nombreuses vies. Avec des efforts et au fil du temps, nous devenons suffisamment sages et purs, nous finissons par cesser d'être des animaux qui se vantent et commençons à expérimenter et à vivre notre Divinité intérieure. De cette façon, nous acquérons à la fois le désir et la capacité de devenir de véritables serviteurs de la planète.

À cette étape la plus importante, nous commençons à

remplir le rôle qui nous est destiné dans le règne humain, c'est-à-dire que nous devenons des co-créateurs conscients ! Et avec d'autres êtres de tous les royaumes, avec un soutien spirituel, nous commençons à travailler sur le processus de mise en œuvre du Plan Divin.Nous savons comment cela s'est produit tout au long de l'histoire à travers les biographies de personnalités extraordinaires - ces artistes, philosophes, maîtres spirituels et scientifiques qui ont aidé et aident à développer notre véritable civilisation. Ces êtres hautement développés sont souvent appelés luminaires ou torches, car ils ont une Lumière intérieure qui reflète un haut degré de sagesse et d'intelligence pure, inaccessible pour la plupart des gens. Mais vous devez savoir que c'est dans cette direction que la majeure partie de l'humanité se précipite maintenant progressivement, et ce processus se poursuivra dans l'ère à venir. Il est intéressant de noter que nombre de ces personnes ne savaient probablement même pas qu'elles contribuaient à l'évolution planétaire.

Nous pouvons penser que la conscience est l'accumulation de ce que nous avons absorbé par nos sens et traité avec notre esprit. Mais je le répète : l'illumination la plus élevée nous vient à travers nos centres supérieurs, les centres énergétiques, qui dans certaines traditions sont appelés chakras (nous en reparlerons plus tard), et non à travers nos sens physiques.Puisque notre planète est entourée et imprégnée d'innombrables énergies émanant de sources cosmiques et solaires, ainsi que des formes-pensées de nos vies planétaires à tous les niveaux, l'analogie avec le réglage d'un récepteur radio sera appropriée : nous choisissons laquelle de ces ondes "attraper". Mais nous rayonnons aussi ! C'est pourquoi il est si important de faire attention à nos pensées. Après tout, l'esprit est le "constructeur" au niveau mental, et nous devons faire attention à ce que nous construisons. Et c'est pourquoi la prière et la méditation sincères et désintéressées peuvent nous accorder à des vibrations (rythmes) plus élevées, nous aidant ainsi à « absorber la Lumière ».

Examinons de plus près l'analogie de la lumière appliquée au niveau de croissance spirituelle. La lumière au sens littéral et figuré du terme commence par une liberté maximale. En entrant en contact avec la matière (imprégnant la matière, si vous voulez), il perd un peu de liberté, mais en même temps élève la "conscience" de la matière. La pénétration de l'Esprit dans la matière crée la conscience. Puis, au fil du temps, ces énergies spirituelles séparent cette partie de la matière qui a reçu la Lumière, lui permettant ainsi de s'élever, ou de poursuivre sa croissance, dans le règne où elle se trouvait - minéral, végétal, animal, humain ou autre. La partie non éclairée restante attend la prochaine vague, et ce processus continue jusqu'à ce que finalement tout soit "libéré", ou atteigne la "perfection".

C'est la véritable évolution, l'évolution de la conscience. Libération de la matière ! Les théories scientifiques modernes prétendent que l'univers "ralentit" (la deuxième loi de la thermodynamique), mais en fait c'est tout le contraire : la conscience inférieure (ce que nous percevons comme matière) s'élève à la conscience supérieure (spirituelle). La «matière» se transforme en énergie - énergie spirituelle. L'univers réel prend vie de plus en plus. Et nous en faisons partie ! Nous pouvons aussi penser que la "matière" n'existe que sur le plan physique, mais les domaines de la conscience ont aussi leurs propres niveaux plus grossiers ou inférieurs. Ainsi, quelque chose d'analogue au processus décrit ci-dessus se produit dans toutes les dimensions alors que le travail d'illumination "Une Vie" surmonte l'inertie de ces énergies inférieures et plus grossières.

Un autre secret important : un trait caractéristique de toute énergie dans Notre Univers Conscient est le désir d'équilibre et d'harmonie. C'est l'une des voies du Cosmos vers la perfection finale. Et sur le plan physique, cela s'effectue grâce à la loi bien connue de l'action et de la réaction. Nous devons comprendre que, comme toutes les lois physiques, elle a des correspondances supérieures sur des plans supérieurs. Dans le règne humain, l'équilibre et l'harmonie sont finalement atteints par la justice. Cela signifie que rien "ne passe sans laisser de trace" - par nos actions, soit nous multiplions ce qui nous est donné, soit nous retirons de ces dons. Au final, tout s'équilibre.En effet, « ce que nous semons, nous le récolterons !

Aux niveaux occupés par nos personnalités (physique, émotionnel, mental), la manifestation de cette loi dans le temps est appelée karma. Nous gagnons et continuerons de gagner soitkarma "positif" ou "négatif" selon nos actions. Il est important de comprendre que le karma n'existe pas pour nous punir, mais pour nous enseigner. Et lorsque nous atteignons un niveau où nous utilisons notre esprit, notre amour et notre sagesse pour ne pas provoquer de mauvaises actions (raisons), nous n'aurons plus à souffrir des contre-actions (conséquences) des forces que nous mettons en mouvement. Posons-nous maintenant la question : pouvons-nous même essayer de comprendre l'infini, ces royaumes supérieurs, l'Esprit de Dieu ? Bien sûr, nous ne pouvons pas !

Mais nous pouvons discerner certains détails des aspects et attributs Divins à notre niveau inférieur d'existence. Cela nous ramène à la source de Tout : la Vie Cosmique, où tout « vit, bouge et a son être » (voir Actes 17 :28). Comment pouvons-nous, qui ne sommes qu'au stade humain du chemin Divin, connaître l'Inconnaissable ? Que pouvons-nous savoir sur la Divinité absolue de toutes les religions, sur le Principe Universel et les « lois de la nature », comme l'appellent les scientifiques, à propos de cet univers vivant, infiniment sage et infiniment aimant dans lequel nous et tout le reste avons un rôle si important à jouer ? Principalement : en essayant de découvrir quelque chose sur les énergies universelles (c'est-à-dire universelles), nous nous heurtons encore et encore aux nombres "trois" et "sept", à la trinité et au septénaire. Voici quelques exemples des sept dans l'univers :

Les sept couleurs de l'arc-en-ciel.

Sept notes.

Sept types de structures cristallines.

"Sept trous" dans la tête humaine.

Sept principaux centres d'énergie-chakras.

Sept périodes d'âge de la vie (nous en reparlerons plus tard).

Les sept merveilles du monde.

Sept jours de création et sept jours dans une semaine. Même les sept péchés capitaux.

Et cette liste peut s'allonger encore et encore. Quant à la trinité : d'un point de vue scientifique, toute énergie, tout ce qui se manifeste est constitué de polarité et de la force générée par cette polarité. Les pôles positif et négatif et la force générée par eux sont toujours triplicités, en commençant par l'atome et jusqu'au Cosmos dans son ensemble. Une autre qualité que possède toute expression de la Vie est qu'en tout, y compris dans l'Univers tout entier, l'activité et le calme apparent alternent. Dans les Enseignements de la Sagesse, cela s'appelle respectivement manifestation (manifestation) et pralaya. Dans un avenir proche, les scientifiques en apprendront beaucoup plus sur l'universalité de ce phénomène.

Dans les enseignements religieux du monde entier, les nombres trois et sept sont très courants. Partout il est dit que l'Unité Absolue, ou Dieu, se manifeste sous trois aspects. Dans notre propre royaume humain, nous pouvons comprendre ces trois aspects comme :

1. Volonté divine;

2. Amour divin;

3. Esprit Divin.

Toutes les religions se fondent sur cette Trinité et la déifient sous la forme de Déités personnifiées. Dans le christianisme patriarcal, c'est le Père, le Fils et le Saint-

Esprit, dans l'hindouisme orthodoxe - Shiva, Vishnu et Brahma, dans d'autres religions - le Père divin, la Mère et l'Enfant, etc. Ils sont connectés aux trois premiers rayons cosmiques. Aux niveaux supérieurs, quatre qualités supplémentaires (ou Rayons) sont attribuées au Troisième Rayon, l'Esprit Divin. Ensemble, ils en font sept. Nommons Rayons supplémentaires :

Rayon 4 : Harmonie-Beauté par l'effort ou la lutte ; Rayon 5 : Connaissance concrète ;

Rayon 6 : Idéalisme et dévotion ;

Rayon 7 : Organisation et Rituel ou Rythme créatif. En d'autres termes, une conscience spirituelle supérieure :

7) parfaitement organisé,

6) représente un idéal dans toutes les situations

5) a tout savoir

4) crée une beauté et une harmonie parfaites,

3) s'exprime profondément intelligemment et activement,

2) sage, bienveillant, plein d'amour,

1) a la volonté et le pouvoir de faire en sorte que tout soit possible.

Ces signes correspondent aux Sept Rayons Divins. Les sept rayons peuvent être divisés en trois rayons d'aspect et quatre rayons d'attributs. Ces sept énergies conscientes, qui imprègnent tout l'Univers et, entre autres, déterminent les qualités de nos personnalités, proviennent d'un Principe immuable et inconnaissable - appelons-le ainsi faute d'un meilleur mot. De nombreuses religions du monde l'appellent Dieu.

Plus loin dans ce livre, nous continuerons à parler des trois principaux rayons cosmiques d'énergie, ainsi que des quatre autres, qui forment ensemble le septénaire spirituel. Vous souvenez-vous des "sept esprits devant le trône" (voir Apoc. 4:5) ? Trois et sept - ces nombres se retrouvent encore et encore dans les enseignements religieux et laïques. Il est très important de savoir que toute vie dans l'univers - de la pierre au système solaire - apparaît sous l'influence de ces sept rayons d'énergie cosmique les plus puissants, agissant dans une combinaison ou une autre.

En d'autres termes, dans notre Univers Conscient, les Sept Rayons sont le moteur de l'évolution. Ils donnent l'impulsion nécessaire pour que toute vie se développe davantage, vers sa prochaine étape. Il n'y a pas de bons ou de mauvais rayons. Toute énergie peut être mal utilisée ! Le résultat dépend de nombreux facteurs. Si nous parlons de la façon dont cela se manifeste chez une personne, le facteur principal est le niveau de conscience spirituelle atteint. Par exemple : La personne du "Premier Rayon" celle qui manifeste le Rayon de Volonté et de Pouvoir est pleine de l'énergie de ces qualités. À un pôle, il peut s'agir d'un tyran qui domine par la force, le contrôle, la cruauté et ne valorise que le pouvoir sur les autres. À un tournant supérieur de la spirale évolutive, les gens du Premier Rayon, étant des leaders par nature, utilisent leur volonté pour aider l'humanité et la faire avancer.

La personne du "Second Rayon" démontre les qualités de l'Amour-Sagesse et peut être soit une personne faible, craintive ou sentimentale inoffensive, soit une personne qui illustre la compassion, l'altruisme, le courage et la sagesse pour aider l'humanité. Ce sont les qualités du Cœur. Une personne chargée des énergies du "Troisième Rayon" de la Raison et de l'Activité peut disperser l'énergie sur des actes insignifiants ou essayer de manipuler les autres pour son propre bénéfice. Mais s'il est une personne éclairée dans une certaine mesure, alors il utilise ses capacités mentales pour mieux coordonner l'énergie afin d'élever le niveau de la civilisation humaine. Ce faisceau est associé à la "loi de l'économie" (qui se manifeste par l'efficacité).

Les gens du "Quatrième Rayon", le Rayon de l'Harmonie par la Beauté (ou le Conflit), ne sont pas ennuyeux, ils aiment discuter et peuvent même être querelleurs. Ils aiment prendre des risques, ils s'ennuient vite avec la sécurité. Mais ce sont des personnes créatives, souvent dramatiques et flamboyantes, qui peuvent créer une beauté incroyable dans la forme, la musique, la littérature, le théâtre, etc. (Il n'est pas rare que les acteurs et autres personnes créatives aient une nature querelleuse.)

Mais l'homme du "Cinquième Rayon", au contraire, peut parfois sembler ennuyeux. Parce que c'est le Rayon de la Connaissance Concrète ou de la Science. Dans le pire des cas, une telle personne peut s'enliser dans des bagatelles insignifiantes. Mais ce Rayon (comme le quatrième) est le Rayon du règne humain. C'est lui qui nous amène à devenir des êtres pensants. Ce rayon guide l'humanité vers la technologie et l'information (et loin de l'accent mis sur les émotions et les désirs). Maintenant, une telle influence est très nécessaire.

L'homme du "Sixième Rayon" peut nous conduire dans l'abîme de l'étroitesse d'espritfanatisme - ou, s'il s'agit d'une personne éclairée, à la hauteur des plus grands idéaux. Après tout, c'est le Rayon de l'Idéalisme et de la Dévotion. Il a eu une forte influence sur l'humanité au cours des derniers siècles.

Et enfin, le Septième Rayon est le Rayon de l'Organisation et du Rituel. Il commence maintenant à influencer toute notre planète et nous a déjà donné (entre autres) le type de bureaucrate qui ne voit rien au-delà de ses règles et règlements.Mais grâce à ce même Rayon, des groupes et des organisations grands et petits surgiront qui donneront aux gens la possibilité de réaliser leur potentiel. Et, ce qui est très important, l'énergie du Septième Rayon permettra à l'humanité de connaître et d'utiliser les rythmes et rituels de la Vie !

Nous avons tous rencontré des personnes qui correspondent aux descriptions ci-dessus. Mais le plus souvent, les gens démontrent les qualités de plus d'un rayon. Le fait est que notre corps physique, et les corps émotionnel (astral) et mental, et le "Moi" inférieur (la personnalité), et l'Ame elle-même ont leur propre rayon. Leur combinaison détermine ce que nous serons en incarnation.Et il est très important de souligner leur essence subtile à partir de nos aspects susmentionnés ! La connaissance des Sept Rayons a commencé à être révélée à l'esprit humain à la fin du dix-neuvième siècle. C'est peut-être le sacrement principal et le plus important de ceux qui se manifestent à l'extérieur aujourd'hui.

De nombreuses informations sont maintenant disponibles sur les Sept Rayons, et il sera très utile de se familiariser avec elles.Si, en comprenant les énergies divines et en vous plongeant dans de nouvelles révélations qui sont maintenant disponibles pour la conscience humaine, vous ressentez un choc et de la peur, souvenez-vous du côté « lumineux » (ou éclairé) de la médaille. Pensez à l'avenir glorieux que l'humanité a en réserve si nous ne manquons pas cette occasion d'élever et d'élargir davantage notre conscience. Bien sûr, certains préféreront rester "attachés" à leurs anciennes idéologies et systèmes de croyances et ne profiteront pas des nouvelles énergies et des nouvelles opportunités de changement et de croissance. Mais réfléchissons-y : voulons-nous rester des « hommes des cavernes » ? Eux aussi étaient probablement satisfaits de leurs croyances primitives. Voici donc les points les plus importants que je voulais couvrir dans la première section :

L'Univers (Cosmos) dans son ensemble est une énergie consciente. L'Univers (Cosmos) dans son ensemble est l'Unité. Cette Unité se manifeste dans l'Univers sous la forme de sept Rayons Cosmiques d'énergie. L'Univers (Cosmos) aspire à l'équilibre et à l'harmonie, qui se manifestent dans le règne humain en tant que justice. Toute la vie remplace sans cesse les autres états d'activité et de paix extérieure.

Nous explorerons ces sujets et d'autres plus en détail plus tard dans le livre.Mais d'abord, nous devons clarifier quelque chose pour nous-mêmes, sans quoi notre progression vers le haut est impossible.

L'univers Comme Notre Professeur

Quelque part dans le laboratoire, une jolie souris blanche court avec agilité dans le labyrinthe. Ce petit rongeur connaît son chemin et sait ce qui l'attend à la fin - il s'y est déjà trouvé plus d'une fois. En toute confiance et sans aucun problème, il arrive où il veut. Presque sans s'arrêter, il se dresse sur ses pattes arrière, appuie sur un petit bouton avec son petit nez et regarde avec une agréable anticipation comment des grains de nourriture tombent de quelque part au-dessus.Si nous pouvions lire les pensées des souris, nous saurions peut-être maintenant à quel point cet animal est fier d'avoir appris à obtenir une nourriture savoureuse et satisfaisante. En même temps, il n'a aucune idée des gens (ils sont en dehors de son champ de vision) qui le regardent maintenant et qui ont conçu et mis en scène cette expérience.

Réfléchissons : sommes-nous, les humains, si différents de cette souris ? Nous vivons nos vies, « découvrons » nos découvertes, « inventons » les nôtresinventions (et obtenir notre propre nourriture). Ne nous attribuons-nous pas le mérite de nos résultats ? En même temps, nous ne savons pas la vérité qu'il y a des êtres beaucoup plus sages et plus développés qui nous regardent depuis d'autres dimensions. Des êtres supérieurs qui proposent des idées qui favorisent notre progression et proposent de nouvelles situations d'apprentissage qui nous amèneront - individuellement et collectivement - à la prochaine étape de notre évolution. De nombreux inventeurs et chercheurs admettent avoir été aidés par des "éclairs" d'intuition, de rêves ou d'intuitions. On sait également que de nombreuses inventions et découvertes ont été faites simultanément dans différentes parties de la terre par des personnes qui (consciemment) ne se sont pas contactées.

Nous sommes arrivés à notre deuxième thème principal : l'univers que nous, les humains, percevons avec notre esprit et nos cinq sens physiques n'est rien d'autre qu'un environnement d'apprentissage parfaitement organisé.Oui, ce qui nous apparaît comme une étendue d'espace sans fin avec des inclusions occasionnelles de matière cosmique ("macrocosme"), ainsi que notre propre corps physique ("microcosme") est en fait un enseignant. L'enseignant est si parfait, sage et aimant que, quel que soit le domaine de la nature, une "unité de conscience" évolue (minéral, végétal, animal, humain ou autre) et quel que soit le niveau de développement de cette unité, son environnement sera certainement utilisé par son Soi Supérieur pour élever cet individu au prochain niveau d'illumination. Chaque événement, chaque expérience que nous avons dans la vie nous donne l'occasion d'apprendre quelque chose. Très souvent, l'expérience est répétée encore et encore jusqu'à ce que nous en tirions finalement des leçons.

Et encore une fois, parlons de la nécessité de développer la prise de conscience. Le théâtre de la vie n'est pas seulement des événements (« pièce de théâtre »), mais aussi une scène avec décor, qui est également nécessaire pour que la pièce ait lieu. La vie des règnes minéral, végétal et animal nous en apprend autant que le ciel. Mais la chose la plus importante, comme déjà mentionné, est de développer la qualité de la discrimination tout au long de la vie. La discrimination contribue à la perception (et finalement à la création) des proportions et des relations correctes en toutes choses. Sur le plan physique, les proportions et les justes relations donnent ce que nous percevons comme la vraie beauté, et la beauté est l'une des manifestations les plus basses de l'Amour Cosmique. Prenons, par exemple, l'art (n'importe lequel): le véritable art surgit du fait que l'artiste applique une discrimination dans le choix et la combinaison des bonnes proportions et ratios, dont le résultat est la beauté. Et la beauté n'est qu'une des manières dont l'univers nous enseigne l'importance de ces qualités : distinction, proportion, cohérence.

L'art véritable sous toutes ses formes, de l'architecture au tissage, est la forme la plus basse de l'Amour cosmique créé par l'homme (sur le plan physique). Par conséquent, nos créations sont la plus haute manifestation d'une forme purement physique. Nous avons tous entendu dire que le sculpteur, lorsqu'il travaille avec une pierre, coupe tout ce qui n'est pas nécessaire afin de libérer la beauté qu'elle contient. Peut-être que cela s'applique à toutes les manifestations de l'amour : il est partout, seulement il a besoin d'être libéré ? Peut-être en est-il de même en musique : le compositeur n'utilise pas tous les sons possibles à la fois, mais ne choisit dans leur variété que les beaux et,L'essentiel est le suivant : nous devons libérer l'Amour Spirituel codé et lui permettre de renforcer notre propre Amour rudimentaire. Nous devons nous rappeler : ce que nous percevons comme « bonté, vérité et beauté » dans notre monde inférieur n'est rien d'autre que le reflet inférieur de la Raison, de la Sagesse et de l'Amour dans le monde spirituel !

Et, bien sûr, en développant en nous-mêmes la capacité de distinguer les rapports et les proportions corrects, nous devons apprendre à rejeter tout ce qui ne contribue pas à "la bonté, la vérité et la beauté".Nous voyons le processus se dérouler : dans les royaumes inférieurs (y compris notre propre corps), ce qui est utile est absorbé et le reste est rejeté. Et ce qui n'est « pas utile » dans les règnes supérieurs peut être très bon pour les règnes inférieurs (une sorte de chaîne alimentaire fermée). C'est ainsi que se développe ce que nous appelons "la grâce de la nature". Sur un plan astral supérieur (émotions et désirs), l'une des manières de manifester l'Amour est l'art des relations humaines correctes. Au niveau mental, l'un des moyens de manifester l'Amour est l'art des mathématiques supérieures.

Répétons-le encore une fois : tout art authentique, quelle que soit la sphère à laquelle il appartient, est un reflet inférieur, ou une correspondance inférieure, de la réalité spirituelle supérieure du pur Amour Cosmique. Elle exige une distinction qui mène à la proportionnalité et aux justes proportions.Ainsi, lorsque nous prenons conscience de l'Univers en tant qu'enseignant, l'une des premières et des plus importantes idées qui nous sont suggérées concerne les correspondances ou les similitudes de relations.

Voici quelques exemples de correspondances : l'éveil et le sommeil correspondent à la vie et à la mort ; saisons - avec des périodes de vie; la vie d'un individu est comparable à l'évolution de l'humanité dans son ensemble. (Nous en reparlerons bientôt.) En fait, tout ce que nous percevons dans notre existence physique comme "bon, vrai et beau" a une correspondance plus élevée - une réalité spirituelle importante !Ce n'est rien d'autre qu'une loi universelle - la Loi de Correspondance : "Comme en haut, ainsi en bas." Puisqu'il existe des correspondances à l'intérieur de tous les niveaux de conscience sur lesquels nous nous trouvons, et entre eux, c'est précisément « au-dessus » qu'est la Réalité, et « en-dessous » (le monde physique auquel nous nous identifions) est une réalité virtuelle, plutôt un ombre!

Nous continuerons tout au long de ce livre à donner des exemples de correspondances qui indiquent que la Vie est un médium d'enseignements potentiels sans fin.Parlant du fait que l'univers est notre maître, n'oublions pas une autre grande aide apportée à l'humanité : ces grands êtres éclairés qui, de leur plein gré, font d'énormes sacrifices pour promouvoir l'évolution sur notre planète et en particulier dans notre royaume humain. Mais avant de parler davantage de ces grandes Âmes, soulignons d'abord qu'il n'y a finalement que deux approches philosophiques du problème de la réalité absolue.

a) L'école matérialiste soutient que l'univers n'a pas de but apparent. Tout ce qui existe, y compris la pensée et les sentiments humains, est fait de matière-énergie physique - ou est une conséquence de son travail. ET,pour autant que nous le sachions actuellement, l'humanité terrestre est la plus haute forme d'intelligence dans l'univers.

b) Selon l'approche spirituelle, l'univers a un but. En plus de la dimension physique de la réalité, il y en a d'autres. Ces mondes sont habités par des Êtres (ou des Vies) avec d'autres niveaux de conscience qui peuvent (et font) influencer l'humanité.

Il y a une croyance répandue parmi les spirites qu'au moins certains de ces êtres (qui vivent dans des dimensions supérieures ou des plans supérieurs) sont beaucoup plus sages et ont des capacités beaucoup plus grandes que les humains. Beaucoup croient aussi qu'au moins quelques-uns de ces êtres se sont volontairement réunis en un groupe (quelque chose comme un ashram planétaire spirituel). Et ces êtres divins ont pris sur eux de fournir une assistance morale à l'humanité, sans interférer avec notre libre arbitre, mais en facilitant le mouvement dans la direction qui est compatible avec le but divin de l'univers. Dans diverses traditions religieuses du monde, les membres de ce groupe sont appelés différemment : saints, anges, enseignants, etc.

Puisqu'ils sont au-delà de nos concepts de genre et de forme, nous nous référerons simplement à ces aînés éclairés en tant que guides spirituels ou hiérarchie spirituelle de la planète. (Et l'un des buts de ce livre est d'aider, quoique un peu, mais d'inspirer les autres à aider, ces Êtres Divins dans Leurs efforts pour conduire l'humanité à la réalisation de son destin cosmique.) Il est également très important de réaliser que nous recevons des conseils divins non seulement d'autres êtres ; nous avons aussi, et avons toujours eu, notre propre Guide Intérieur, notre Soi Supérieur, qui veut nous aider à tirer le meilleur parti de nos opportunités.

Dans différentes traditions et systèmes de croyances, il existe différents noms pour cet aspect de notre grand "moi": superconscience, "moi" transpersonnel, âme, ange solaire, ange gardien, etc. Dans ce livre, ils seront utilisés comme synonymes. Mais il convient de souligner que nous, les humains, avons une âme individuelle, tandis que les sous-groupes des règnes inférieurs (animaux, plantes, minéraux) ont une âme "groupe". (Observez le comportement des volées d'oiseaux, des bancs de poissons, des essaims d'insectes, etc., et vous en comprendrez beaucoup.)

Mais revenons aux gens. Dès que nous commençons à comprendre que nous avons notre propre guidance personnelle supérieure, pour vivre en harmonie avec ce grand Être et recevoir des instructions de lui (en fait, l'Univers entier que nous percevons est l'expression physique du Grand Être), d'énormes changements commencer en nous. Nous commençons à percevoir les événements et les objets du point de vue de leur énergie interne, et non de leur manifestation externe, et nous essayons de comprendre quelles leçons nous devons tirer de tout cela. Bien sûr, non seulement les "messages" évidents de l'Univers, mais aussi les plus subtils peuvent nous apprendre beaucoup. Par exemple, notre Âme crée souvent des situations dans l'espace et dans le temps que nous percevons comme des coïncidences, mais en fait elles sont planifiées. Nous devons toujours être sensibles à de tellesévénements (scientifiquement appelés synchronistiques) ! C'est l'un des moyens les plus courants de nous guider et de nous aider dans la vie. Beaucoup a été écrit sur les synchronicités. Vous pouvez probablement vous souvenir de leurs exemples dans votre propre vie. À un moment donné, vous avez eu une agréable (ou désagréable) surprise. Ce n'est que bien plus tard, avec le recul, que vous avez compris à quel point cet événement a contribué à votre épanouissement personnel. Il est difficile de surestimer l'importance du bon moment - à la fois lorsque nous planifions et lorsque nous évaluons les événements de notre vie.

La connaissance des processus en cours conduit une personne de plus en plus loin dans le monde de la sagesse, et c'est précisément le monde - le monde spirituel. Avec l'accumulation et l'utilisation de la sagesse, la vitesse de notre évolution augmente considérablement !Voici ce que cela signifie : En devenant assez sage pour commencer à puiser dans ces opportunités toujours présentes, nous progressons beaucoup plus rapidement dans notre illumination spirituelle et éprouvons beaucoup moins fréquemment les affres de l'ignorance. De plus, lorsque cet aspect très important de l'illumination, la vie devient beaucoup plus claire et nous commençons à vivre et à agir dans un état de plus grande paix, d'harmonie, d'efficacité et avec une maîtrise de soi toujours croissante, si vous voulez. Comme déjà mentionné, c'est l'étape la plus importante de notre évolution, à la suite de laquelle il y a une nette accélération.

En parlant d'« évolution » : on ne cesse de répéter ce mot, mais qu'est-ce qui évolue réellement ?La science orthodoxe considère qu'il s'agit d'une forme physique qui s'améliore progressivement et s'adapte à son environnement. Il y a du vrai là-dedans, mais en fait, la conscience qui nous a été trahie et qui vit en nous, notre vrai "moi", évolue. Dans l'évolution de la forme physique (même dans la vie individuelle), nous n'observons que des changements correspondants. Je me souviens qu'il y a de nombreuses années, j'ai entendu cette phrase: "Quand vous avez plus de quarante ans, vous avez le visage que vous méritez." Je pense qu'il y a quelque chose là-dedans aussi. Ce n'est pas qu'une personne avec des traits de visage plus fins soit nécessairement plus développée spirituellement, car il y a beaucoup d'autres facteurs impliqués. Mais en général, lorsqu'une personne devient plus éclairée, cela se reflète dans son apparence.

La forme physique de l'homme sur terre changeait progressivement; ce processus est susceptible de se poursuivre. Mais les changements les plus significatifs se sont produits dans les capacités mentales : au service de notre conscience en constante expansion se trouvait un cerveau toujours plus grand et plus complexe. Les données anthropologiques montrent que chaque nouveau type de personne était marqué par un physique moins robuste, mais était plus sensible. Certains pourraient dire qu'alors que les athlètes continuent d'établir de nouveaux records de force et d'endurance, nous, les humains, devenons en fait plus forts. Mais de nouveaux records sont établis du fait quela technique s'améliore, les compétences se perfectionnent, et seulement pendant une courte période dans l'épanouissement physique d'un athlète, et pas du tout parce que toute l'humanité devient plus forte. Même l'homme le plus fort ne peut tenir cinq secondes dans un duel avec un gorille de la même taille, sans parler des grands prédateurs.

Si la "survie du plus apte" (physiquement) est la force motrice de l'évolution, alors pourquoi nous, les humains, avons-nous perdu pratiquement toutles poils du corps - même ceux qui vivent dans les régions les plus froides de l'Arctique ? On ne peut guère parler ici d'adaptation physique. Mais si la force motrice est l'expansion de la conscience, alors cette perte a du sens.

L'homme primitif a simplement été contraint d'utiliser son esprit primitif pour apprendre à survivre grâce à la capacité de construire une habitation et de se confectionner des vêtements, et surtout, d'apprivoiser le feu. Si vous voulez, nous avons été obligés de "remuer notre cerveau", et cet acte nous aide à chaque fois à élargir notre conscience et, finalement, à devenir plus éclairés spirituellement.

Anéantir tout le royaume humain serait relativement facile, mais essayez de vous débarrasser de toutes les mouches ou cafards ! Il est généralement admis qu'une bactérie, un ver de terre ou une marguerite est beaucoup plus adaptée à la vie que nous, créatures plus complexes. Ne parlons donc plus de sélection naturelle.Toute personne réfléchie qui regarde le passé (ou le présent) avec les yeux ouverts verra de nombreux exemples où les circonstances nous ont inspirés ou même forcés, nous les humains, à développer notre intelligence. Nous continuerons à devenir plus savants et plus sages, et plus capables d'aimer. En fin de compte, la vie n'a qu'un seul but : l'illumination. Et toute notre expérience sert à cela ! Parlons davantage de l'évolution de la conscience.

Comme tout le reste de l'univers, notre planète physique est conçue pour nous conduire en permanence vers les prochaines étapes de l'illumination. La plupart des gens considèrent à la fois la structure physique de la Terre et le caractère aléatoire apparent de l'emplacement des forêts, des mers, de la distribution des minéraux dans les intestins, etc., comme allant de soi. Mais derrière cet accident imaginaire se cache un objectif plus élevé.Notez qu'au cours de cette période de l'histoire humaine, lorsque nous avons finalement atteint le stade initial de la mentalité, nous avons immédiatement « découvert » des métaux et des gisements de charbon et de pétrole ; appris à transformer la sève de certains arbres en caoutchouc et à produire des solides transparents (verre). Cette liste continue. N'était-il pas inévitable (avec un peu d'aide d'en haut) que les gens aient vite appris à fabriquer des machines et des véhicules ? Tout cela n'est pas aussi prosaïque que cela puisse paraître à première vue. Mais du fait que nous acquérons des connaissances inconsciemment et parce que "plus vous connaissez, moins vous respectez", nous percevons les circonstances les plus étonnantes comme quelque chose d'ordinaire. Et absolument en vain. De nombreux sages ont souligné que parfois les moindres détails déterminent si la vie sur la planète, telle que nous la comprenons, peut exister. Et si oui,

Voici quelques exemples. Pour que le charbon se forme (le combustible sans lequel la révolution industrielle est impensable), le règne végétal devait évoluer (c'est-à-dire croître en termes de conscience) jusqu'au stade des arbres. Ensuite, il a fallu que ces arbres se décomposent et, avec une certaine combinaison de facteurs quantitatifs et temporels et de pression, le charbon s'est avéré sur des millions d'années - notons-le, bien avant l'apparition de l'humanité. Pour apprendre certaines leçons, nous avons parfois besoin de certains matériaux, et ces matériaux nous sont fournis, c'est ce qui compte ! Dans ce cas, les gens avaient besoin d'une énorme quantité de carburant facilement extractible. Il a permis de réaliser un certain nombre d'inventions qui ont conduit l'homme à l'ère dite industrielle.

Nous arrivons ici aux métaux et autres types de "matières premières". De mon point de vue, ils sont intéressants non seulement pour leurs propriétés, mais pour la relation entre leur nécessité et leur disponibilité. Par exemple, le fer et l'aluminium est absolument nécessaire en génie mécanique. Et pourtant largement disponible. Mais que se passerait-il si, disons, l'or et l'argent étaient abondants sur la planète, tandis que le fer et l'aluminium étaient rares ? Alors l'industrie, la technologie et les transports que nous avons aujourd'hui seraient tout simplement impossibles.

Un autre exemple de planification cosmique : presque partout sur la planète, les gens peuvent trouver de la nourriture et de l'eau à boire. S'il n'y a pas de rivières ou de sources, il suffit de creuser un puits directement dans le sol et nous aurons de l'eau potable fraîche (ce qui est merveilleux en soi). Si le sol est gelé, la glace ou la neige est généralement disponible pour fondre. De plus, des groupes entiers de personnes sont, pour ainsi dire, spécialement programmés pour vivre dans les conditions les plus sévères. Grâce à cela, la planète physique peut être pleinement embrassée par le réseau de l'intelligence. Puisque le règne humain est destiné à être le "cerveau global" (physique) de la Vie planétaire, la prochaine étape était nécessaire pour la mise en œuvre du Plan Divin : l'établissement d'une interaction pacifique entre les communautés humaines. Cela a été fait par intérêt pour le commerce.

Si le plus nécessaire à la vie humaine est réparti de manière relativement uniforme sur la planète, on ne peut pas en dire autant de nombreuses autres ressources utiles. Minéraux, charbon, pétrole, bois. Les stocks de tout cela peuvent rarement être trouvés au même endroit. Certains groupes de personnes ont d'énormes gisements de pétrole, mais pas de fer pour construire des équipements de production de pétrole. D'autres ont des gisements de minerais, mais pas de charbon pour fondre les métaux. Le reste est clair. Encore une fois, cette partie du Plan Divin. Tout d'abord, une telle situation a servi de stimulant au développement de notre intellect ; c'était nécessaire pour rendre notre vie plus confortable. Mais à long terme, le plus important était de faire interagir l'humanité et finalement devenir "l'unité dans la diversité". Revenons à l'industrialisation.

Vu d'un niveau supérieur, sa réalisation la plus significative n'est pas dans la simple quantité de produits fabriqués, mais dans le fait que, pour la planification, la production et la distribution des biens qui ont englouti le monde entier, il a fallu que l'humanité s'engage et se développe ainsi sa pensée concrète.Jusqu'à ce que nous développions une pensée concrète, nous restons principalement des êtres émotionnels et ne pouvons pas aller très loin sur notre chemin spirituel. Cela nous amène à un autre mérite, bien plus important, de l'ère de l'industrie et de la technologie : elle est naturellement passée à l'ère de l'information et des communications. Mais ce n'est pas en soi l'objectif final.

Le but ultime de l'humanité à cette époque est de réaliser son destin : être un « cerveau global » intégré et le système nerveux de notre planète.Lorsque, dans les événements planétaires, nous voyons non seulement le « quoi » se produit et le « comment », mais comprenons également le « pourquoi », cela devient de plus en plus évident : il existe un plan encore plus grand appelé le « Plan Divin » ! Mais qu'en est-il de ces communautés qui résistent à l'interaction et restent isolées ? Il est très important de noter que ceux qui prêchent toute sorte d'idéologie "isolationniste" agissent contre le Plan Divin, qu'ils en soient conscients ou non. Les forces du mal dans le monde ne veulent pas de coopération dans l'humanité. Leur stratégie est de maintenir la désunion et la division.

Nous avons de nombreux exemples de cultures stagnantes (relatives, bien sûr) qui ont été isolées des autres pendant longtemps. Mais notre univers en évolution ne tolère pas la stagnation. Lorsqu'un individu, une culture ou même un système de croyance se bloque et résiste à la croissance, et que sa conscience intérieure se cristallise, les énergies du changement sont libérées ! Les résultats immédiats peuvent parfois être ressentis comme désagréables, voire graves. Mais le résultat à long terme est très utile. Les mêmes personnes quidû endurer des chocs, une vie beaucoup plus heureuse peut encore l'attendre. Ce raisonnement, bien entendu, ne doit en aucun cas justifier, et encore moins encourager, la violence de certaines personnes, cultures ou systèmes de croyances sur les autres. Les personnes éclairées essaient toujours de promouvoir le progrès de leurs frères et sœurs par l'exemple personnel et les opportunités offertes avec amour.

En élargissant notre conscience, nous sommes potentiellement capables de créer et d'accéder à des états d'être plus heureux. Nous continuons à nous blesser et à blesser les autres, non pas parce que nous manquons d'intelligence ou d'orientation, mais plutôt parce que nous avons encore une énergie d'Amour sous-développée et que nous sommes incapables d'empathie (ou de résister à ce sentiment).Plus tard, nous comprendrons quel rôle jouent les autres règnes de la nature et comment ils nous aident à remplir notre rôle dans cet Univers Conscient. Plus important encore, ce sont des étapes nécessaires dans la spirale ascendante de l'évolution de la conscience. Peut-être pouvons-nous maintenant examiner plus en détail le stade humain de l'évolution, qui, bien sûr, nous intéresse le plus. Un voyage spirituel (c'est aussi ce que l'on peut appeler l'évolution) est généralement comparé à l'ascension d'une montagne.

Une telle comparaison est appropriée pour de nombreuses raisons : dans l'évolution, il faut faire des efforts qui sont récompensés, et les erreurs entraînent des retards ; c'est plus facile quand on est conduit et instruit par quelqu'un qui a déjà escaladé la montagne lui-même ; plus tu grimpes, plusouvre à l'œil; lorsque vous vous approchez du sommet, il devient clair qu'il peut être atteint par plus d'un seul chemin (bien que plus on se rapproche du sommet, plus tous les chemins convergent), etc. Maintenant, laissez-moi prendre une autre analogie. Ce ne sera pas une ascension spirituelle vers une montagne, mais un voyage à travers tout un continent. Imaginez qu'il commence lorsque nous sommes à un stade primitif semi-animal de développement, et se termine dans notre avenir glorieux lointain, lorsque nous sommes prêts à entrer dans un autre royaume, plus élevé, parfois appelé le "Royaume des âmes".

Commençons l'histoire.La masse des gens est sur la côte est d'un grand continent. On leur dit qu'ils doivent traverser tout ce vaste territoire et atteindre la rive ouest. En atteignant l'objectif, on leur promet une belle récompense. Puisqu'ils iront à pied, le chemin s'annonce long. Ce n'est pas une course, mais on s'attend à ce qu'ils continuent d'avancer. En chemin, ils mangeront des fruits et des baies, des légumes, des noix et des céréales et boiront l'eau des rivières et des sources. Avec un peu d'effort, ils pourront se procurer tout ce dont ils ont besoin. Parmi eux, il y a des individus qui ont déjà eu l'occasion de faire une telle réinstallation auparavant. Ils s'approchent d'un colon, puis d'un autre, et parlent de la grande récompense qui les attend, et aussi du fait que vous pouvez gagner du temps si dans certains endroits "façon de couper".

Mais peu de gens les écoutent.

Alors, les gens se rassemblent en groupes et se mettent lentement en route. Comme une énorme masse de personnes était dispersée sur toute la côte, la plupart des groupes fonctionnent de manière presque autonome. Certains groupes avancent pendant plusieurs jours, puis, fatigués de la route et trouvant un endroit convenable, ils s'arrêtent un moment. D'autres passent devant eux jusqu'à ce qu'ils décident de se reposer. Un peu de temps passe, et maintenant les groupes se sont dispersés sur un vaste territoire : certains ont avancé loin, d'autres ont à peine bougé.

Parfois, les groupes se disputent entre eux. Des désaccords surgissent généralement entre ceux qui suivent l'appel à passer à autre chose et ceux qui ont goûtéles charmes d'une vie sédentaire et, s'étant désintéressé de la récompense promise à la fin du voyage, veut rester en place. Sous l'influence d'énergies opposées, une scission se produit dans certains groupes : certains continuent d'avancer, tandis que les autres ne veulent pas sortir de chez eux. C'est difficile pour ceux qui sont en avance, mais ils sont récompensés pour leur travail. Ils ont besoin de nouvelles connaissances - et ils les obtiennent. Ceux qui décident de rester au même endroit dépensent de plus en plus d'énergie, consolidant et répétant ce qu'ils savent déjà. Tôt ou tard, une catastrophe frappe inévitablement : une inondation, ou un tremblement de terre, ou un terrible ouragan. Donc, à la fin, ils doivent partir aussi.

Parfois, les migrants remarquent que de nouvelles personnes les ont rejoints de quelque part - des individus ou des groupes. Cela est souvent ressenti parce que les nouveaux arrivants n'ont pas fait tout le chemin depuis le début, mais ils obtiendront la même récompense à la fin du voyage. (Cela ne vous rappelle-t-il rien ?) Et pas seulement pour cette raison : les nouvelles personnes ont besoin d'apprendre ce que les autres ont appris de leur expérience. Cela vous semble-t-il injuste ? Les « vieux » préfèrent ne pas se rappeler qu'eux-mêmes ont été beaucoup aidés : du don de la vie en tant que tel à tous les autres dons sur leur chemin. En fait, tout est un cadeau d'En-Haut.

Servir un objectif supérieur et aider les autres était le moins qu'ils pouvaient faire. (Mais dans l'ensemble, nous, les humains, sommes ingrats pour les cadeaux sans fin qui nous sont accordés.)Au cours de la très longue période de ce voyage, presque chaque groupe a eu la chance d'être à l'avant-garde à un moment ou à un autre. Mais presque inévitablement, les gens se sont calmés, sont devenus complaisants et l'autre groupe les a devancés. Très souvent, ceux qui étaient temporairement en avance se sont convaincus (et tous ceux qui étaient prêts à écouter) qu'ils étaient bien meilleurs que les autres. Quand enfin le premier des groupes eut gravi la dernière chaîne de montagnes et que les voyageurs virent ce lieu merveilleux vers lequel ils se dirigeaient, ils envoyèrent un message et, du mieux qu'ils purent, hâtèrent les autres afin qu'eux aussi puissent partager avec eux la grande récompense. Mais certains sont tellement habitués à vivre dans les plaines sans fin qu'ils n'ont pas cru à une vie plus glorieuse et ont pris la décision fatidique de rester là où ils étaient.

Cette parabole vous semble-t-elle trop simpliste ? Peut-être. Mais c'est ainsi que nous regardons ceux qui sont à des niveaux plus élevés et qui essaient de nous aider. Combien d'entre nous résistent au changement (croissance) ? À quelle fréquence nous accrochons-nous au familier ? Consciemment ou inconsciemment, nous choisissons nous-mêmes notre chemin et le suivons. Et parce que nous sommes tous différents, et que nous devrions l'être, chaque chemin est unique. Cependant, tous les chemins (au sens figuré) traversent les mêmes rivières, déserts, marécages et montagnes. Nous les percevons comme des obstacles, mais ils nous servent tous de leçons nécessaires. Lorsque nous les surmontons, ils deviennent des jalons sur notre chemin vers l'illumination.

Comme prévu, notre voyage humain a commencé avec la créationpersonnalité isolée et égocentrique. Une personnalité que nous devons changer et transformer - et nous le ferons certainement. La transformation est réalisée par le feu de l'esprit et conduit à la formation d'un Être Spirituel illuminé. Ce processus nécessite une réorientation complète de notre concentration sur le petit "je" vers l'auto-identification en fin de compte avec la vie plus grande - avec la Vie qui embrasse la planète entière ! Ici on peut se poser la question : pourquoi devrions-nous créer une individualité forte, si à la fin nous devons la rejeter pour le bien de l'ensemble ? L'individualité a dû être créée afin de développer le libre arbitre, car ils vont côte à côte.

Ensuite, nous devons apprendre à utiliser correctement notre libre arbitre. Intelligent d'abord, puis avec Wisdom-Love. Ce processus est nécessaire si nous voulons devenir un ingrédient actif - pas moins qu'un co-créateur - dans le grand travail de déploiement du Plan Divin. En tant que co-créateurs, nous utiliserons nos talents et capacités individuels pour apporter tout ce qui est nécessaire à l'illumination future de l'humanité. Ce processus exige que nous devenions responsables, apprenions la patience, ouvrions nos cœurs et commencions à servir l'humanité ! En tant qu'individus, nous ne sommes que de petits grains dans l'univers. Mais notre Âme c'est un hologramme de l'univers et il contient le potentiel du Tout. Par conséquent, nous devons libérer notre portion de matière, poussant vers le haut de nos personnalités et répondant ainsi à l'attraction éternelle de notre Âme.

Nous progressons de l'âme du groupe animal à l'âme de l'homme en tant qu'individu doté d'un libre arbitre. Puis, avec le temps, nous acquérons les qualités d'Amour-Sagesse et devenons ainsi des co-créateurs éclairés dans le Plan Divin de l'univers. Il a toujours été un mystère de voir comment soudainement (à l'échelle de l'histoire naturelle), en l'absence d'un «lien de connexion», des races de personnes très différentes et beaucoup plus développées sont apparues. La science avance des postulats qui ne sont pas conformes au bon sens, et nos religions ignorent généralement le problème lui-même ou, à la limite, se réfèrent à la providence de Dieu. Soit dit en passant, dans ce cas, la religion est plus proche de la vérité.

Il faut souligner ici que même les Êtres Spirituels agissent selon la Loi. En d'autres termes, les moyens du plan physique sont utilisés pour produire les résultats du plan physique. Il est intéressant de noter qu'en ce moment, alors que les prototypes d'un nouveau modèle d'humanité sont en cours de développement, de nombreuses personnes rapportent qu'elles ont été "enlevées" dans d'étranges vaisseaux spatiaux, contrôlés par des créatures étranges (pour nous), et que des expériences génétiques ont été menées sur Là-bas. Il existe également des cas étranges documentés d'animaux "mutilés", en particulier de bovins, dont les organes et parfois le sang ont été prélevés chirurgicalement, matériel qui peut être utilisé pour "mutiler" les animaux. De plus, de nouvelles espèces apparaissent constamment dans le règne animal. (Et je conseillerais de regarder ce qui arrive aux espèces bovines dans un proche avenir.)

Il semble que ceux qui acceptent les ovnis comme réalité ont tendance à adhérer au paradigme "extraterrestre". je suggérerais de regarderdémêler le mystère "plus près de chez soi": dans la zone frontalière entre le plan physique et la prochaine dimension vibratoire supérieure (on l'appelle "plan éthérique"). Bien que ces dimensions énergétiques aient leurs propres « toiles » protectrices et des fréquences vibratoires différentes des nôtres, elles ne sont pas impénétrables pour les êtres qui reçoivent l'ordre d'aider notre processus évolutif. (Plus loin dans ce livre, nous parlerons de ces créatures et de ce qui peut arriver avec leur participation.)

De tout ce qui a déjà été dit dans ce livre, il s'ensuit que la Vie est un continuum, tout fait partie de quelque chose de "plus haut et plus grand", tout est interconnecté et interdépendant, tout est unité dans l'espace et dans le temps. Tout est éternel et se déplace dans une spirale menant à des niveaux supérieurs de conscience, ou d'illumination.Qu'est-ce que cela signifie pour nous dans notre royaume humain ? Comment sommes-nous connectés, par exemple, avec une galaxie lointaine ?

Commençons par le début - avec le corps physique d'une personne. On sait qu'il est constitué d'os, de muscles, de sang, d'organes, etc. On sait aussi que ces composants sont constitués de cellules, qui sont constituées de molécules, qui sont constituées d'atomes, qui sont... eh bien , le tableau est clair : tout est interconnecté et interdépendant.Et nous revenons à nouveau à la correspondance : "Comme ci-dessus, comme ci-dessous" ou, dans ce cas, "Comme ci-dessous, comme ci-dessus". Nous, en tant qu'individus, faisons partie du règne humain, et le règne humain est censé être le système nerveux global de la planète, et c'est là qu'il évolue. Tous les royaumes (à la fois physiques et non physiques) de n'importe quelle planète forment le "corps" de cette planète. Ce "corps" fournit l'enveloppe de la Vie planétaire. (Tout comme notre corps fournit un "foyer" temporaire pour la Vie qui vit en nous, votre vrai moi et le mien.)

À son tour, toute planète est l'un des "centres d'énergie" ou "centres de conscience" dans la vie du grand être solaire. Tout système solaire est l'un des centres énergétiques d'une Essence spirituelle encore plus grande et plus développée. Et cet Être, à son tour, est aussi l'un des centres de la Vie encore plus grande, et ainsi de suite : constellations, galaxies, métagalaxies... Tout cela pris ensemble est notre Univers Vivant ! Dieu panthéiste. Et à cet égard, je tiens à souligner à nouveau : lorsque nous regardons le ciel, ce que nous voyons de nos yeux n'est qu'un vague reflet, une ombre, si vous voulez, des énergies colossales qui nous entourent, nous et notre minuscule planète.

La splendeur et la Gloire des Êtres qui y vivent sont en corrélation avec les esprits minuscules des gens, car leurs tailles gigantesques correspondent aux nôtres. Preuve de? Commençons par l'évidence : la beauté, l'harmonie, l'ordre dans le ciel. Du cours de la physique (et de nos programmes spatiaux), on sait que pour qu'un objet reste en orbite, il doit atteindre une distance et une vitesse orbitales données par rapport à l'objet autour duquel il tourne. S'il se déplace trop bas ou trop lentement, la gravité l'attirera (pensez aux satellites artificiels tombés). Et si la distance ou la vitesse est trop grande, elle disparaîtra du champ gravitationnel. (Encore une fois, souvenez-vous des satellites qui se sont échappés dans l'espace.) De tels incidents se produisent, bien que les meilleurs cerveaux et technologies de l'humanité soient impliqués dans les programmes spatiaux. Et sommes-nous censés croire que d'innombrables milliards de roches mortes (planètes) et de soleils se sont retrouvés sur leur orbite idéale par accident ? Non, ces relations harmonieuses sont maintenues grâce à la Conscience parfaite de ces êtres cosmiques. Mais même ils ont des échecs, bien que cela se produise assez rarement.

Nous devons nous rappeler que notre planète et notre système solaire, comme les autres systèmes solaires, grandissent et se développent également (dans leurs dimensions supérieures) avec tout son niveau spirituel élevé inimaginable (pour nous). Et quand ils traversent leurs « douleurs de croissance », cela rejaillit sur nous !Cela peut expliquer bon nombre des mythes et légendes éternels que nous trouvons dans toutes les cultures anciennes du monde - des mythes sur des géants, des dieux et des déesses qui accomplissent des actes surhumains. Ce sont des reflets inférieurs simplifiés et personnifiés des vastes énergies cycliques qui ont été à l'œuvre sur notre planète et dans le système solaire pendant des milliards d'années. Bien que ces événements cosmiques importants aient été habillés sous la forme simple de contes de fées pour des esprits pas tout à fait mûrs, il y avait une vérité plus élevée en eux. Les mythes et les légendes sont l'un des moyens de révéler les plus hautes vérités à l'humanité de manière allégorique.

Autre point important : même s'il semble que "le ciel"loin, en fait nous sommes à l'intérieur d'eux. Cette illusion de distance est due au fait que notre perception est focalisée sur le physique ou d'autres plans inférieurs. Sur le plan physique, tout semble objectif et séparé. Mais sur les plans supérieurs, où réside notre Esprit, il n'y a pas de séparation (comme nous l'imaginons) et toutes les énergies interagissent les unes avec les autres. Par exemple, les astronomes disent que notre Terre est dans notre système solaire, qui est dans la galaxie de la Voie lactée, etc. C'est le début d'une vérité importante. En effet, dans notre supérieurdimensions, nous sommes à l'intérieur du corps énergétique, l'aura de ces grands Êtres (dans la hiérarchie ascendante). Chacun de nous est vraiment un enfant star" !

Ou, en d'autres termes, nous sommes des cellules dans le corps de Dieu. C'est pourquoi nous sommes profondément affectés par ces corps célestes (en fait des Êtres) tout comme les événements qui nous arrivent affectent chaque cellule de notre corps.Il est nécessaire de comprendre que le Cosmos est entièrement constitué d'énergies puissantes, ou Vies, et que nous sommes une petite partie de la Vie Cosmique et sommes soumis à son influence. C'est pourquoi certains des meilleurs esprits de l'humanité à travers l'histoire ont étudié l'astrologie. (Ce n'est pas, bien sûr, de l'astrologie tabloïd.) Utilisant des méthodes scientifiques et l'intuition, la véritable astrologie n'est rien de plus qu'une tentative de comprendre et de décrire l'origine et le fonctionnement de la grande Vie. Bien que les astrologues sérieux soient les premiers à reconnaître que leur science (ou leur art) n'a pas encore pénétré la surface de la réalité cosmique, même maintenant l'étude de l'astrologie révèle beaucoup de choses.

La Vie De L'individu Comme Reflet Ou Modèle De L'évolution Humaine

Poursuivant le thème de cette section (l'Univers comme notre professeur parfait), posons-nous la question : notre vie elle-même peut-elle être notre professeur si nous apprenons à la voir d'un niveau supérieur ? Et si la vie d'une personne, de sa conception à sa mort, était en fait un modèle, ou une carte, de l'évolution humaine ? La science orthodoxe le sait en principe car la loi biologique "l'ontogenèse reflète la phylogenèse". Mais, encore une fois, la science n'applique cette loi qu'à l'organisme physique. Nous l'appliquerons aussi à la conscience spirituelle, qui est certainement l'essence du Tout, puis de ce point de vue nous essaierons d'imaginer l'avenir.

Nous savons bien que l'embryon humain répète d'abord la phase végétale du développement évolutif, puis la phase animale (poisson, amphibiens, mammifères, etc.), et seulement alors prend une forme proprement humaine. Cela nous montre notre évolution passée et nous rappelle que nos corps physiques sont connectés aux royaumes inférieurs. On peut dire que pendant le reste de la grossesse jusqu'à la naissance, l'être dans l'utérus est une "personnalité" humaine en développement.

Entre-temps L'âme regarde et attend que la coquille physique se forme et que le bon moment naisse. Le monde dans lequel nous vivons n'est pas parfait et les événements ne se déroulent parfois pas comme prévu. Par conséquent, il peut arriver que l'âme décide de ne pas s'incarner cette fois-ci et que le processus de grossesse se termine par une fausse couche ou une mortinaissance; ou le bébé peut mourir subitement. Les raisons peuvent être physiques (santé) ou spirituelles ; ces derniers nous sont encore incompréhensibles à notre niveau de développement. Et, bien que cela puisse être perçu comme une tragédie, cet être s'incarnera plus tard dans un autre corps, peut-être même dans la même mère ou dans la même famille, lorsque les conditions deviendront plus propices. En fait, la vie n'est jamais perdue !

La Sagesse Éternelle nous dit que l'Âme Suprême (Anges ? Dieu ? Guides Spirituels ?) a veillé sur les hommes et les femmes sous-humains et bestiaux jusqu'à ce qu'ils soient prêts à accepter chacun leur propre Âme. Commence alors une nouvelle étape dans le développement de l'humanité.Cet événement capital a eu lieu il y a des millions d'années. La vague de la vie humaine se poursuivra pendant des millions d'années, et dans le futur, la plupart des gens quitteront le plan terrestre et passeront à ce que nous percevons maintenant comme la Conscience Spirituelle.

Mais revenons à ce moment important où commence un nouveau cycle d'incarnation. Un enfant naît et prend son premier souffle, l'Âme se connecte enfin à un corps minuscule, et la créature devient un véritable Humain ! Pour faciliter cet événement, certains rituels de naissance sont souvent pratiqués sur l'enfant - par exemple, le baptême.Ici, en passant, on peut noter que l'emplacement des objets célestes au moment de la naissance peut en dire long au Sage sur l'endroit (relativement parlant) de cette âme après avoir quitté le cycle de vie précédent, et ce qu'elle doit faire. apprendre dans le nouveau cycle de vie qu'il commence maintenant.

Maintenant, allons-y et parlons de quelque chose qui n'est pas si largement connu.Les sept premières années (environ) sont consacrées au développement des corps physique et émotionnel et du cerveau. A la fin de cette période, commence le deuxième cycle de sept ans - le temps de "l'Age de Raison" à l'échelle des approches individuelles. Dans de nombreuses traditions religieuses et culturelles, cette transition est célébrée (et facilitée) par un autre rituel. Cela aide à rejoindre l'aspect suivant de l'âme - le véritable corps mental. Maintenant, le jeune Être a une capacité rudimentaire de pensée abstraite et commence une importante période de scolarité.

Puis, après dix ans, (comme nous nous en souvenons tous) la composante suivante de toute la personnalité apparaît - un aspect très important, bien qu'encore rudimentaire, de l'amour. Son apparition est associée à la puberté, et elle se manifeste principalement dans l'amour physique et émotionnel, ou dans la sexualité. Et, encore une fois, dans certaines sociétés, cet événement important est célébré avec un rituel spécial. (La plupart des soi-disant "événements poltergeist" se produisent lorsque ces composants très puissants de l'être entier essaient de se joindre à eux.)

Or l'Ame est en quelque sorte attachée aux "gaines" de notre personnalité : les corps physique et émotionnel, le corps mental et ce qui correspond au "corps d'amour" à ce bas niveau. Mais tout au long de la vie, nous devons renforcer ces liens, dont nous parlerons maintenant.Dans les communautés humaines, on croit qu'à la fin du troisième cycle de sept ans, l'Être humain est déjà complètement formé. Avec l'atteinte de l'âge adulte dans toutes les cultures, une personne acquiert déjà le statut d'adulte. Ce que les gens ne réalisent généralement pas, c'est que les cycles (environ) de sept ans s'allongent, l'âme continue de renforcer sa position jusqu'à ce qu'après de nombreuses vies, elle devienne finalement complètement dominante et se "sature" d'elle-même. personnalité. Il est important de comprendre que les vingt et une premières années formeront un grand cycle, qui se compose de trois petits cycles de sept ans et qui se répétera sur les tours supérieurs de la spirale, suivant à nouveau le même schéma (physique, mental, amoureux). Matchs dans les matchs !

Autrement dit, de la naissance jusqu'à l'âge de vingt et un ans, l'expression physique est primordiale. Puis, pendant encore vingt et un ans, notre intellect grandira et le physique commencera à s'estomper. Dans et après le troisième cycle, nous acquérons de la sagesse et une forme supérieure d'amour. Vous pouvez observer cela dans votre propre vie : vers l'âge de quarante-deux, soixante-trois et quatre-vingt-quatre ans, des événements (changements) importants vont se produire ou commencer. Des cycles de sept ans sont également observés tout au long de la vie - en particulier, à l'âge de 28 ou 29 ans, une personne vit généralement son «retour de Saturne» pour la première fois de sa vie. (Nous parlons de l'influence "zodiacale".) Il faut souligner encore une fois que c'est typique pour tout le monde, mais selon le niveau de développement spirituel, les individus en font l'expérience de différentes manières.

Parce que le royaume humain est clairement encore dans son adolescence, nous sommes fascinés par le monde physique et exhibons d'autres qualités de cet âge. Si nous survivons et atteignons la maturité, nous vénérons davantage de qualités supérieures : l'intelligence et, surtout, l'Amour-Sagesse. Notre système solaire est doté de cette qualité spirituelle d'une importance primordiale. ("Dieu est amour".)Il est extrêmement important de noter qu'à la période actuelle de l'histoire humaine, tant de nos supposés "dirigeants" (dans la politique, les affaires, le divertissement) n'aspirent pas aux qualités les plus élevées et les plus importantes de l'humanité. Au lieu de cela, ils essaient de capitaliser sur tout ce qui est transitoire et déraisonnable, d'encourager, de protéger et donc de glorifier le pouvoir sur les autres, la violence et la cupidité. À bien des égards, cela devient un « modèle de comportement » pour nos jeunes. Ils font directement le jeu des forces du mal ! Même dans notre état actuel (relativement enfantin), nous devons comprendre à quel point la gloire est éphémère. Combien peu de célébrités utilisent leur renommée pour aider à la croissance de la conscience, même si nous savons que les personnages historiques que nous vénérons ont démontré les qualités éternelles de sagesse, de compassion et d'amour pour l'humanité. Cela ne veut-il pas dire quelque chose ? Enfiler'

Revenant à la conversation sur la vie de chacun de nous, parlons du vieillissement. Pourquoi vieillissons-nous (physiquement) ? Si toutes les cellules de notre corps sont souvent remplacées par de nouvelles, pourquoi les rides apparaissent-elles et le corps perd-il progressivement sa santé d'antan ? De plus, si notre intelligence dépendait entièrement du cerveau, ne commencerions-nous pas à perdre nos capacités mentales dès que nous grandirions ? En fait, nos connaissances et, plus important encore, notre sagesse augmentent avec l'âge. Se pourrait-il que la perte progressive de la sexualité dès un âge relativement précoce contribue au développement de notre conscience ? Peut-être est-ce alors que nous concentrons toute notre attention sur ce pour quoi nous nous sommes incarnés ? C'est-à-dire en élargissant et en élevant notre conscience, en augmentant l'intellect, la sagesse, le pouvoir de l'amour. Précisément parce quePeut-être, perdant le physique, commençons-nous à écouter les instructions de notre Âme et à donner de plus en plus d'énergie aux aspirations spirituelles ? Après tout, il semble que nous devenions plus sages et plus sensibles à mesure que nous vieillissons.

Les personnes âgées ont généralement un goût plus développé pour la musique, l'art, pour ce que nous appelons la culture, pour des qualités de vie plus raffinées et plus élevées - des qualités qui résonnent davantage avec les domaines spirituels (corrélation encore). La plupart d'entre nous ne commençons pas une vie contemplative tant que nous n'avons pas dépassé le divertissement et les autres énergies de la jeunesse, à moins que nous ne parlions d'une très «vieille âme» qui fait preuve de sagesse et de compassion même dans(physiquement) jeune. Tout cela n'indique-t-il pas le destin de l'humanité dans le futur ? Non, il ne s'agit pas du tout du fait que le corps sera laid et ridé. Je veux dire la maturité des valeurs : il y aura une augmentation progressive de la proportion de personnes qui seront plus polarisées dans les corps mental et supérieur (que nous appelons spirituels) et moins dans le corps émotionnel (le corps des désirs).

Quant à nos corps physiques, ils deviendront encore plus beaux et parfaits. Mais la beauté ne sera plus identifiée uniquement à l'attrait sexuel d'une personne, comme c'est le cas actuellement. Notre beauté physique durera jusqu'à l'âge individuel correspondant à l'âge évolutif du règne humain. En d'autres termes, lorsque le royaume humain est à mi-chemin de sa croissance spirituelle destinée, les gens atteindront le sommet de la beauté non pas dans la jeunesse, comme c'est le cas actuellement, mais à l'âge mûr. La beauté intérieure, qui augmente avec l'âge, se manifestera dans la beauté de l'apparence. On dit que même maintenant, certains êtres spirituels ou angéliques continuent de paraître jeunes, ayant déjà vécu une partie importante de la vie qui leur a été donnée.

Cela s'observe également dans le règne végétal, qui a subi une grande évolution (dans la mesure où nous avons montré comment la vie individuelle typique d'une personne répète et démontre l'évolution passée de notre conscience spirituelle et comment elle indique le chemin qui nous attend Maintenant, nous pouvons regarder toute la famille de l'humanité et retracer l'évolution humaine depuis le stade animal jusqu'à nos jours.Étapes du chemin évolutif de la conscience humaine :

a) Chasse et la cueillette

b) Affaires militaires

c) Artisanat agricole

d) ÉchangerJe Industrie

e) Informations et communications

La science de l'anthropologie soutient que les gens ont commencé leur voyage de plusieurs façons comme les animaux : il y avait des familles, des familles élargies et des groupes de familles (clans ou tribus). Ils ont travaillé ensemble, se nourrissant eux-mêmes, cherchant des «camps» appropriés, se soutenant mutuellement, etc.Alors que de plus en plus de personnes cherchaient de la nourriture et des endroits convenables pour vivre, la concurrence a surgi, suivie de l'agression; il est devenu clair que les plus forts avaient plus de chances de survivre. C'est ainsi que la classe des guerriers est née.

En fin de compte, certaines personnes ont appris à cultiver leur propre nourriture etréalisé à quel point c'était plus pratique que de la chercher. À un moment donné, ils ont commencé à capturer et à apprivoiser des animaux afin d'avoir de la viande, du lait, des peaux, etc. Cela a permis aux familles et aux tribus de s'installer dans une zone et les a libérées de la nécessité de se déplacer constamment pour se nourrir. La nécessité (qui a finalement conduit à la capacité) de fabriquer diverses choses était une conséquence logique du début de la formation de la société et du développement de l'agriculture. C'est ainsi que l'artisanat et les arts sont apparus.

Naturellement, les tribus et les clans voisins ont commencé à commercer et à échanger des marchandises entre eux, puis la classe des marchands s'est progressivement développée. Un moyen d'échange universel, ou de l'argent, était nécessaire.Au fur et à mesure que l'intelligence humaine s'est développée, des moyens meilleurs et plus efficaces de produire des biens sont apparus; ce processus a abouti à l'ère dite industrielle. De plus en plus de connaissances étaient nécessaires, ainsi que des moyens d'acquisition, de stockage et d'échange : c'est ainsi qu'a commencé l'ère actuelle de l'information. Et ainsi nous arrivons au premier échelon majeur ou étape du Plan Divin pour le royaume humain ! Maintenant, nous commençons à construire un "cerveau global" ! Il est nécessaire de réaliser la grande signification de cette étape la plus importante. Bientôt la planète pourra fonctionner comme un Être entier ! C'est ce qui effraie le plus les forces du mal, et c'est pourquoi elles essaient obstinément de soutenir la pensée séparatiste parmi les peuples de la Terre.

Avant de poursuivre, regardons les bons et les mauvais côtés des étapes décrites ci-dessus personnes à ces stades d'évolution. Le stade de chasseur-cueilleur donne naissance à des individus (et des institutions sociales) qui recherchent de nouvelles sources de ressources matérielles. Ils peuvent devenir des pionniers et des pionniers. Ceux qui n'ont pas atteint le développement dans cette catégorie deviennent des voleurs, des escrocs, des escrocs, etc. La classe Warrior se développe en une force de police et une armée, qui doivent protéger la société, agissant selon ses lois et sous sa supervision. Cependant, l'histoire humaine regorge d'exemples de guerres de conquête cruelles et anarchiques. Il n'est pas nécessaire de mentionner tout cela ici.

Au stade agricole, les gens développés respectueusement font référence à la terre et à toute vie qui fait partie intégrante de l'écosystème. Par conséquent, ils cultivent la terre, extraient les minéraux, utilisent l'eau et les autres ressources à bon escient et comprennent que si tout le monde agit avec intelligence et bonnes intentions, si tout le monde partage les uns avec les autres, il y aura suffisamment de moyens de subsistance pour tout le monde. Si l'économie est menée de manière ignorante, stupide et cupide, nous obtenons tout ce que nous avons aujourd'hui : des "fermes industrielles", des monocultures qui appauvrissent le sol, la pollution de l'environnement - et bien d'autres problèmes.

Il semble que l'artisanat et l'art authentique deviennent rares. Mais de nouvelles énergies arrivent sur la planète, et lorsque l'humanité commencera à agir sur un tournant plus élevé de la spirale évolutive, ces compétences seront non seulement ravivées, mais augmenteront également et seront appréciées. Une grande partie de ce qui est maintenant considéré comme de l'art ne l'est pas. Après tout, le véritable art est toujours le reflet d'harmonies et de proportions cosmiques à un niveau inférieur. Le commerce éthique est la reconnaissance de notre interdépendance ; il vise à créer des relations commerciales où tout le monde y gagne. Il contribue au développement de la libre entreprise qui encourage les personnes à tirer le meilleur parti de leurs talents et capacités et à les développer. L'argent doit être utilisé comme moyen d'échange, permettant à une personne d'acquérir tout le nécessaire à la vie et de démarrer sa propre entreprise. Lorsque le capital est principalement utilisé à des fins de manipulationles autres et l'enrichissement personnel, et il n'y a aucun bénéfice pour le bien commun, c'est juste un crime ! N'oubliez pas que le capitalisme sans entraves devrait théoriquement conduire une personne à tout avoir et l'autre à ne rien avoir. Libre entreprise et capitalisme, ce n'est pas la même chose ! La cupidité est une maladie et trop de gens en sont infectés. Nous parlerons davantage de la perversité du matérialisme dans la section suivante.

Le côté positif de l'industrialisation est qu'elle permet de produire en quantités suffisantes tout ce qui est nécessaire à la vie de l'humanité. De plus, au fil du temps, grâce à l'industrie, les gens ont même une certaine abondance, ce qui leur permet d'avoir du temps libre et de le consacrer à approfondir leurs connaissances. De cette façon, les gens deviennent de plus en plus développés intellectuellement, et c'est, bien sûr, un facteur important dans la construction d'un règne humain intégré.Nous connaissons tous (y compris de par notre propre expérience) les conséquences inhumaines d'une industrialisation à outrance, y compris environnementales ; il n'est pas nécessaire de les énumérer spécifiquement ici.

Informations et communications sous forme élémentaire ont toujours été disponibles même dans les règnes inférieurs, et l'histoire de la connaissance et de la communication est considérée comme une partie importante de l'histoire de l'évolution elle-même. Mais ce n'est que maintenant que les technologies de l'information commencent à prendre la place qui leur revient en tant qu'activité principale de l'humanité. Et, bien qu'une grande partie de l'incitation à élargir les connaissances et la communication était (et est toujours) basée sur des motifs personnels égoïstes - tels que la cupidité, le désir de domination, la fierté, etc. - en fin de compte, tout celaau profit de. Avec le temps, le système de communication planétaire en cours de développement sera de plus en plus utilisé au profit de tous les règnes de la nature qui composent la Vie Planétaire. Finalement, il y aura une interaction globale sans restriction, c'est-à-dire que chaque personne pourra communiquer librement avec n'importe quelle autre personne sur la planète. Bien qu'il s'agisse d'une question d'avenir, on peut déjà constater ses avantages pour l'humanité. Avec l'aide d'Internet, des personnes ayant des intérêts similaires sont en contact les unes avec les autres, quelles que soient les frontières politiques. "L'ère du Verseau" se caractérise par l'émergence dans le monde de groupes informels créés à la suite d'une telle communication.

C'est une composante nécessaire du Plan Divin ! Par conséquent, les forces obscures ont toujours essayé et essaieront toujours de contrôler, de restreindre et, d'une manière ou d'une autre, d'interférer avec la capacité des gens à interagir librement. Cela ne doit pas être autorisé ! Les échanges culturels, le tourisme et le commerce sur une base équitable - tout cela contribue également grandement au rapprochement des peuples et à la croissance de la compréhension mutuelle entre eux.Si nous aspirons à devenir des citoyens de la planète et à interagir dans la paix et pour le bénéfice mutuel, nous devons comprendre que cela n'est possible que si nous acquérons la qualité de responsabilité. (Au fur et à mesure que nous recevons plus de Lumière, nous développons la "capacité de répondre" correctement. C'est la véritable responsabilité spirituelle.)

On dit souvent que les gens « n'assument pas la responsabilité » des conséquences de leurs actes. La responsabilité n'est pas quelque chose qui peut êtreprendre ou ne pas prendre. Par définition, nous sommes toujours responsables de nos pensées et de leurs conséquences. Regardons à nouveau - sous un angle différent - le développement d'un individu humain individuel, en le comparant à l'évolution de l'humanité jusqu'à nos jours. Lorsque la Lumière Cosmique est descendue de plus en plus profondément dans la matière, oules ténèbres, les "Rayons" de cet Esprit pur, ou Monade Divine (quelqu'un l'appellerait une "étincelle de Dieu") se sont dissipés, pénétrant dans la matière la plus dense - dans ce que nous appelons le "royaume des minéraux". Alors commença le travail de libération, c'est-à-dire l'implantation de la conscience dans une partie de la vie inconsciente. Après des milliards d'années, la Lumière a crééune "pré-conscience" qui s'est développée à mesure qu'elle s'élevait, englobant les règnes végétal et animal. Finalement, lorsque la Lumière a reçu les conseils de l'Ange Solaire ou de l'Âme, elle est devenue membre du royaume humain.

Voici ce qu'il est important de retenir : en substance, nous sommes l'étincelle immortelle de Dieu, ou le Cosmos ! Mais il était une fois nous n'étions que formellement des êtres humains, vivant principalement d'instincts animaux, et notre Âme a dû faire des efforts pour nous guider et développer notre véritable humanité sur une longue période de temps.Par conséquent, lorsque l'un de ces êtres (c'est-à-dire nous) commence ses incarnations sur le plan physique afin de passer par l'école de la vie, cette personne commence son voyage à partir d'un stade infantile relativement primitif. Il ressemble encore beaucoup à un animal et agit comme un chasseur-cueilleur, suivant le chemin de moindre résistance, c'est-à-dire ne vivant que de ce qu'il peut obtenir pour lui-même. Cela continue tant qu'il est dans la société des chasseurs-cueilleurs. Mais lorsqu'il commence à s'incarner dans une société agricole ou marchande plus avancée, où les biens et services s'acquièrent par troc ou en échange d'argent, un tel comportement devient inacceptable.

À ce stade (au début de l'évolution), les gens n'ont pas encore développé de conscience et, en vieillissant, ils en viennent souvent à l'idée « qui est le plus fort a raison ». Aujourd'hui encore, les "jeunes âmes" (celles qui ont eu peu d'incarnations physiques) sont souvent dans cet état "enfantin". Ils ne vivent que pour satisfaire leurs désirs. Nous savons aussi que certains individus, même ceux qui ont un intellect développé, restent encore essentiellementprédateurs et obtenir ce qu'ils veulent par les moyens les plus primitifs. La société devrait en tenir compte lors de l'organisation du travail des systèmes judiciaire et pénitentiaire (et d'autres institutions). Nous devons essayer de trouver des moyens d'implanter une nouvelle conscience chez une personne, et pas seulement de mettre ces personnes derrière les barreaux avec d'autres qui sont au même stade précoce de l'évolution. Tout le monde est bien conscient que cela ne sert à rien.

S'il vous plaît, ne vous méprenez pas : il n'y a rien de mal avec le mode de vie primitif des chasseurs-cueilleurs. C'est juste que nous devons tous profiter des opportunités qui nous sont données pour passer à des niveaux supérieurs de l'école de la Vie sur la planète afin d'accomplir notre destin Divin.Pourquoi? Parce que l'évolution de l'homme vers l'illumination, ainsi que la responsabilité qui y est associée, sont planifiées par des mentors spirituels, ou la Hiérarchie (ou Dieu, si vous préférez). Si nous restons coincés à n'importe quel stade de notre évolution spirituelle, nous n'accomplirons évidemment jamais notre destinée divine. La prochaine étape est le début de la coopération, mais jusqu'à présent uniquement dans l'intérêt de soi-même.

Puisque la vie est souvent menaçante et chaotique à ce niveau, nous commençons à adhérer à certaines lois et à maintenir l'ordre. Maisà ce stade, les gens sont généralement plus soucieux de faire en sorte que les autres, plutôt qu'eux-mêmes, soient respectueux des lois et disciplinés. La puissance, la force et le contrôle sont toujours très appréciés. Après de nombreuses incarnations, ayant accumulé beaucoup d'expérience, ayant fait beaucoup d'efforts (et ayant traversé beaucoup de douleur), une personne apprend progressivement qu'il est beaucoup plus agréable d'être parmi des personnes qui font preuve de qualités telles que la responsabilité et la bonne volonté, et qu'en cela pour nous, peut-être, il y a un message. C'est à ce stade que nous commençons à nous ouvrir au contact avec notre Âme, et puisque notre Âme fait partie de l'Âme Unique, nous acquérons une nouvelle qualité - la « sympathie » et en conséquence, nous commençons à montrer une certaine préoccupation pour le bien-être des autres.

Nous ne vivons plus par nos propres intérêts. L'altruisme commence à fleurir ! Après de nombreuses incarnations, la bonne volonté devient peu à peu la volonté de bien. Cela signifie qu'il opère maintenant activement au niveau de l'intention et devient notre « seconde nature ». Comme déjà mentionné, c'est un moment très important dans notre évolution spirituelle ! Il n'y a rien d'étonnant au fait que les religions qui apparaissent à différentes périodes de l'histoire correspondent généralement au niveau de développement de la conscience. Les religions primitives s'occupent généralement de choses tout à fait physiques - par exemple, des animaux et des parties de leur corps - et parfois même ils essaient de faire appel aux élémentaux, ou esprits de la nature du plan astral inférieur (émotionnel). Chaque tribu a ses propres dieux. Ils sont liés au terrestre et au "mondain" eux-mêmes, peuvent être cruels et parfois même nécessiter des victimes vivantes. À un niveau supérieur, les premières religions peuvent aider à la guérison physique et psychologique et ouvrir les yeux des gens sur le fait qu'il y a de la vie et de l'Esprit ou de l'Âme en tout.

Ensuite, nous avons des dieux créés à notre propre image enfantine. Tout d'abord, ce sont des divinités jalouses qui veulent être servies et adorées. Ils nous contrôlent par la peur et la culpabilité à l'aide de prescriptions simples et inébranlables quiimposé par l'intimidation : les infidèles (« eux ») se voient promettre de terribles châtiments dans l'au-delà ; mais les élus («nous») attendent une éternité bienheureuse. Règles émotionnelles ! A ce niveau, les religions sont parfois usurpées par ceux qui sont au pouvoir et "Dieu" ne fait que compléter les gouvernants : Il favorise un certain genre, race, nationalité, et les ambitions politiques et économiques actuelles de quelqu'un (doctrines). Il arrive qu'une personne, devenue dirigeante, s'approprie le statut de dieu ou de qualités divines.

Nous sommes bien conscients des crimes terribles commis au nom des religions fondées sur la peur.D'autre part, la peur de ces religions a conduit de nombreuses personnes caractérisées par un comportement antisocial et criminel à la première étape du comportement éthique. Mais nous continuons à évoluer, nos esprits deviennent plus actifs, et certaines croyances, en conséquence, de plus en plus dénuées de sens. S'il y a un Dieu, alors Dieu doit être meilleur que nous, pas aussi mauvais ou pire. Le dogme basé sur les émotions est de plus en plus remis en question. Il y a de moins en moins de foi dans le ciel ou l'enfer éternel, car il devient évident qu'une personne vraiment aimante ne peut pas profiter de la vie tandis que d'autres souffrent de tourments sans fin, peu importe combien ils ont péché. Et ce n'est pas seulement cela : le but des « punitions » et de la douleur transférée est de mettre fin à quelque chose, de nous apprendre quelque chose pour que nous puissions grandir plus longtemps. Mais la souffrance sans fin ne peut servir ce but ni aucun autre.

Comprenant cela, une personne s'éloigne progressivement d'une religion basée sur des sentiments de culpabilité et de peur, vers des religions basées sur l'Amour (et qui sont intellectuellement plus saines). L'attention change : si auparavant tous les efforts visaient à apaiser Dieu et ainsi à sauver sa propre peau, maintenant une personne commence à se soucier de toutes les créatures. La conscience commence à se développer. Et pendant tout ce temps, nous nous adaptons de plus en plus à la civilisation. Après de nombreuses vies, nous commençons à développer une véritable culture. Bien que nous ne nous en rendions pas compte, nous devenons maintenant, en un sens, des êtres spirituels.

Et nous arrivons ainsi à l'étape suivante, où nous

remettons souvent en question la religion, et parfois même la rejetons pendant un certain temps. Nous pouvons passer plus d'une vie à développer le mental inférieur mais à nous éloigner du contrôle des émotions. Souvent, à ce stade, la religion devient, pour ainsi dire, une science ou, mieux, un « scientisme ». L'esprit concret (ou, comme on dit maintenant, la pensée du "cerveau gauche") se développe trop et prend le dessus sur la personnalité. Cet esprit est convaincu que toutes les réponses peuvent être trouvées dans le domaine matériel, simplement en démontant les choses et en étudiant leurs éléments constitutifs. À ce stade, le mental inférieur devient le "tueur du réel" (comme on l'appelle dans les Enseignements de Sagesse), parce qu'il est incapable de voir la réalité abstraite supérieure - la vraie spiritualité - et nie son existence. Par conséquent, ceux qui sont concentrés sur un esprit particulier trouvent souvent sans fondement les vérités de ces personnes qui sont capables d'opérer à des niveaux plus élevés. La vanité intellectuelle est un piège dans lequel beaucoup sont tombés à ce stade.

Ou, au contraire, nous adhérons à "l'hémisphère droit" et devenons plus mystiques. Au fur et à mesure que nous devenons plus sages, nos dieux ressemblent davantage à nos parents : nous attendons d'eux qu'ils répondent à des appels raisonnables et nous sommes convaincus qu'ils se soucient de notre bien-être et du bien-être des autres. Nous comprenons que tout le monde doit apprendre des leçons ("Ce qui sera, ne sera pas évité") et, en fin de compte, nous les recevons en éprouvant pleinement la même douleur que nous avons causée aux autres.

Puis, après de nombreuses vies, une image plus large s'ouvre progressivement à nous. Nous commençons à comprendre à quel point il est impudent de la part d'un petit homme faible de penser qu'il a au moins commencé à comprendre le Créateur de l'Univers ! En termes de niveau de conscience, nous sommes beaucoup plus proches des insectes que même du plus bas des Êtres véritablement spirituels ! Enfin, on gagne en humilité et en sens des proportions. Et alors seulement peut-on commencer la longue ascension vers la Sagesse Divine. C'est à ce moment-là qu'on comprend des choses très importantes : tout fait partie d'un tout encore plus grand ; il y a un Principe immuable qui englobe tout ; l'univers est une hiérarchie en évolution, et"Great Universal Design" (comme certains l'appellent). Et nous en sommes une partie importante !

Les personnes qui ont atteint ce stade de croissance spirituelle - c'est-à-dire responsables, compatissants, altruistes, exerçant une volonté de bien intelligente et efficace - sont considérées d'en haut comme le "Nouveau Groupe des Serviteurs du Monde". Ils travaillent dans un but supérieur, un but évolutif, qu'ils le sachent ou non. (Beaucoup ne savent pas. Mais les gens avec ces qualités servent vraiment le Plan Divin.)Un peu plus tard, nous parlerons des étapes ultérieures du Chemin du Discipulat. De temps en temps, des êtres naissent parmi nous, apportant de nouveaux messages nous montrant les prochaines étapes de notre croissance spirituelle. Nous les tuons, et quand beaucoup de temps passe, nous n'acceptons que progressivement et à contrecœur certains de leurs enseignements.

Mais les forces obscures parviennent généralement à

construire une sorte d'institution religieuse autour de nouvelles vérités et, dans une large mesure, en émasculent l'Esprit, les diluant, les dogmatisant et les politisant. Il y a une sorte de gravité dans le domaine humain, une envie de descendre au niveau commun le plus bas, et si on n'y résiste pas, le résultat est toujours désastreux. Nous voyons ce processus se répéter encore et encore tout au long de la vague humaine de la vie. Écoutez simplement ceux qui occupent des postes de pouvoir (qu'ils soient laïcs ou religieux) et vous remarquerez avec tristesse à quel point ils démontrent rarement ne serait-ce qu'une fraction de la vraie sagesse, et encore moins plus.

Mais cette situation est sur le point de changer avec l'avènement de nouvelles âmes éclairées. Les personnes inspirées qui ont lancé les grandes religions l'ont fait pour éclairer le chemin qui nous est ouvert à tous, et toutes les vraies religions continueront à nous guider. Un gros problème surgit lorsqu'une église devient compromettante et vaniteuse et commence à croire qu'elle est en soi le but ultime. Quand un dirigeant d'église dit : « Vous n'avez qu'à venir dans mon église et vous êtes sauvé. J'ai connu la vérité, toute la vérité et la seule vérité ! - cette personne entrave notre croissance spirituelle plutôt qu'elle ne l'aide ! C'est simplement une indulgence de cette faiblesse que nous avons tous : le désir « d'être plus saint que les autres ». Une telle façon de penser pervertie a déjà conduit et conduit maintenant à des guerres de religion sanglantes et à la persécution des non-croyants.

J'explique ma pensée : les religions ont toujours été, sont et seront un moyen fort et nécessaire d'éclairer l'humanité. Mais, comme dans tout le reste, nous devons être pointilleux sur ce que nous acceptons comme vérité universelle.La spiritualité vient de ce que nous sommes vraiment : l'Esprit. La religion, en revanche, ce sont des croyances partagées collectivement sur la réalité. Notre âme, le Soi supérieur, le "Royaume de Dieu en nous" est notre seul guide fiable, et nous devons volontairement suivre ses conseils.

Avant de terminer cette section sur l'Univers en tant qu'Enseignant, il est nécessaire de porter une attention particulière à un point : tous les problèmes dans tous les règnes de la vie, dans toutes les sphères de la vie, sont surmontables et finalement résolus uniquement en élevant la conscience ! En raison de l'illumination spirituelle et de l'amour.C'est l'une des vérités les plus profondes qu'une personne puisse connaître, et la vérité à laquelle il doit absolument réfléchir et comprendre. Toutes les autres tentatives pour résoudre les problèmes de l'humanité ne sont que des mesures temporaires.

Pas de "bâtons" et de "carottes", que ce soit le bien-être matériel, la bonne santé, tous les bienfaits d'une vie heureuse - ou la punition,la coercition, la culpabilité, la peur, etc., n'ont jamais cessé et ne cesseront jamais "l'inhumanité entre les gens" (Robert Burns, "L'homme est né pour pleurer"). Mais ils conduisent à une augmentation progressive de notre conscience, à la suite de quoi une personne fait plus de "bien" et moins de mal. Et, encore une fois, seule la croissance de la conscience, tant au niveau individuel qu'au niveau du règne humain tout entier, conduira à une vie juste et paisible.

Les êtres agissant au niveau de l'Âme ne nuisent pas aux autres ni par leurs actions ni par leurs pensées.

Prenez n'importe quel scénario de souffrance humaine, et lorsque vous l'analyserez, vous verrez qu'il a été causé par l'ignorance ou la stupidité, directement ou karmiquement causé par l'action de certains aspects des vies planétaires. Même les soi-disant catastrophes naturelles nous apprennent quelque chose. En d'autres termes, le cycle de vie de l'univers est le temps qu'il faut pour élever la conscience de toute Vie dans l'univers à la perfection. Ou - à l'illumination universelle.

Cela ne signifie pas que nous devons attendre des milliards d'années pour que nos souffrances soient soulagées. Avec la croissance de la conscience et de la compréhension individuelles qui conduisent à de bonnes actions et à de bonnes pensées, nous entrerons de plus en plus dans un état de joie.Les vrais maîtres spirituels se réjouissaient toujours, même lorsqu'ils vivaient dans les conditions les plus difficiles ! Répétons-le encore une fois : toujours de la matière (externe) - en remontant par le mental, ou la conscience (qualité) - jusqu'à l'Amour-Sagesse (Esprit, ou Vie). C'est le Chemin de l'Illumination.

Nous le voyons à la fois dans nos vies et dans l'évolution de notre planète. S'il nous était donné de voir l'image complète de l'univers, alors nous la verrions dans le retour évolutif du Cosmos entier vers sa source parfaite. Et Il suit le même chemin.C'est la véritable "libération de la matière" ! Il est libéré, ou plutôt, re-spiritualisé à travers le cycle de vie éternel de l'univers. C'est le sens ultime de la vie. C'est le Plan Divin, et nous faisons partie de ce processus, et très important en plus ! Quelqu'un demandera: "Pourquoi les maîtres de la race humaine ne nous disent-ils pas et ne nous montrent-ils pas simplement ces vérités supérieures, afin que nous ne doutions jamais d'elles - pour ainsi dire, elles ne seront pas inscrites au ciel?"

Il y a plusieurs raisons à cela. L'essentiel est que nous n'aurions pas appris à savoir alors, serions devenus encore plus paresseux que maintenant, continuerions à suivre le chemin de moindre résistance et resterions donc encore plus longtemps des enfants dépendants (au sens spirituel).
Oui, les hautes vérités sont souvent déformées à un degré ou à un autre. Par conséquent, nous devons constamment élargir notre esprit, ce qui est le chemin de la sagesse. De nombreux phénomènes peuvent être qualifiés de mystérieux. Ils peuvent être interprétés (ou ignorés) de différentes manières : cela dépend du degré d'illumination d'une personne.

Par conséquent, les personnes qui ne veulent pas changer leurs croyances s'assurent que les événements qui vont à l'encontre de leurs opinions ne se produisent pas réellement. Certains l'appellent la "loi du désordre", d'autres l'appellent le "principe d'incertitude". Les maîtres de l'humanité ont toujours dit qu'au fur et à mesure que nous progressons, nous verrons qu'il existe de nombreux niveaux de réalité apparente. Nous devons nous efforcer d'atteindre un niveau supérieur, non seulement pour nous développer, mais aussi parce que notre moi supérieur évalue constamment,Finalement, nous atteignons le stade de la sagesse et en effet nous commençons à voir la perfection du Plan Divin et la grande Vérité, s'ouvrant dans l'incroyable beauté de notre expérience mondaine. Et puis on commence à comprendre : c'était "écrit dans le ciel" !

Tout au long de l'histoire, des mystiques de toutes les parties du monde, professant toutes sortes de religions (ou aucune), ont fait l'expérience de cette idée, et ils essaient constamment de l'expliquer à tout le monde.Bien. Si nous faisons partie de cet Univers, cet Être immense, et sommes immergés dans un environnement idéal pour apprendre (cognition), pourquoi ne grandissons-nous pas, n'évoluons-nous pas beaucoup plus vite ? Pourquoi "manque-t-on" pour ça ? Il semble que beaucoup d'entre nous soient assez satisfaits de nous-mêmes et aimeraient rester comme nous sommes.
Maintenant, nous allons parler de cela.

Où Étions-Nous (Et Pourquoi Sommes-Nous Toujours Là)

J'ai sommeil et je me couche pour me reposer. Je pense que je me suis assoupi, mais je me suis soudainement réveillé. Pour moi, cette journée est très importante.Notre tribu parcourait la région à la recherche d'un endroit où trouver de la nourriture. Hier, l'un de nos pisteurs est revenu ici (où notre tribu se trouve temporairement) et a dit qu'il avait vu une famille d'animaux assez grande pour fournir de la nourriture à toute la tribu, mais pas si grande qu'elle soit très dangereuse et difficile à obtenir. Aujourd'hui, il y conduira les guerriers, espérant que les animaux sont toujours là.

Pourquoi cette journée est-elle si importante pour moi ? Après tout, cela se produit assez souvent dans la vie quotidienne de n'importe quelle tribu. La recherche de nourriture est ce autour de quoi tourne toute la vie de nos tribus. Ce jour était spécial pour moi, car pour la première fois j'étais autorisé à participer à la chasse - je suis finalement devenu un guerrier ! Chaque jeune de chaque tribu ne peut pas attendre jusqu'à ce qu'il devienne assez grand et assez fort et assez agile pour être pris pour une telle chasse. Aussi loin que je me souvienne, il semble que je n'ai fait que rêver de cela, en me préparant pour cette journée. Que signifie "chasser comme ça" ? Et pourquoi avez-vous besoin d'être nommé guerrier? Je vais vous dire pourquoi. Toute la tribu est constamment engagée dans la chasse ou la cueillette. Chercher et ramasser de la nourriture en se promenant à proximité est une chose courante. Mais pour chasser les animaux, s'éloigner du camp,C'est complètement différent. Tout est une question de danger : dans la forêt sauvage, nous pouvons tomber par hasard sur des animaux inconnus. Ou pire encore, les guerriers d'autres tribus qui peuvent aussi chasser au même endroit. Les résultats de ces réunions sont imprévisibles. Parfois, se remarquant à peine, des groupes de chasseurs se dispersent simplement dans des directions différentes sans entrer en contact. Parfois, ils peuvent venir l'un vers l'autre et échangersalutations. Mais si l'une des tribus souffre d'une famine sévère, ce qui arrive souvent, la réunion devient alors une question de vie ou de mort. Lorsqu'une tribu a trouvé un bon endroit pour chasser, ou lorsqu'elle a déjà tué des animaux et est en route avec une proie, les guerriers d'une autre tribu qui la rencontrent peuvent l'attaquer, mutiler quelqu'un ou même le tuer. C'est donc arrivé à la dernière chasse (alors deux de nos soldats ont été paralysés), c'est pourquoi, pour ainsi dire, j'ai été «poussé en avant». Si je me montre bien, je serai accepté dans les guerriers pour de vrai.

Mais si c'est ma première sortie en tant que chasseur de guerriers, alors comment puis-je savoir toutes ces choses et pourquoi est-ce que je me sens si confiant ? C'est juste que je me prépare depuis longtemps. Dès la petite enfance, j'ai entendu plusieurs fois commentles hommes parlaient de chasse. Et pas seulement les guerriers eux-mêmes, mais aussi les anciens guerriers, et ceux qui allaient bientôt devenir guerriers, et ceux qui n'en rêvaient que. Il semble qu'ils n'aient parlé de rien d'autre : ils se sont vantés des succès passés, ont déploré les échecs passés et se sont disputés sur la façon dont ils auraient dû agir pour changer les choses. Des stratégies et des tactiques sans fin pour toutes les situations : comment se faufiler sur un animal, comment le tuer et le ramener à la maison pour que les guerriers d'une autre tribu ne l'emportent pas. Cela a été discuté en détail, car tout cela doit être connu pour survivre. Pas étonnant que je me sente tout à fait préparé. Tout le monde doit être prêt pour la chasse, car ces derniers temps, la nourriture est rare et la tribu meurt de faim. Nous avions besoin de nourriture.

Et puis vint le jour de la chasse. Nous, les guerriers, nous nous réunissons (j'aime tellement le truc "nous, les guerriers"). Nous sommes en route et la chasse commence. En suivant silencieusement le pisteur, je pense à la façon dont la chasse rassemble toute la tribu et à la façon dont chacun y joue son rôle. D'autres hommes forts restent au camp, prêts à repousser tout danger extérieur pendant notre absence, ou à nous aider si nous sommes poursuivis (ce sont nos renforts). Les femmes, les vieillards et les enfants nous aident à préparer le voyage, nous encouragent et, à notre retour, ils nous accueilleront avec des délices sauvages et organiseront un vrai festin. Eh bien, et, bien sûr, les filles. J'ai souvent remarqué que les guerriers les plus performants sont aimés par les plus belles filles. Alors aujourd'hui j'ai vu que la fille que j'aime et que j'aimerais aimer s'est comportée différemment avec moi. Elle a en quelque sorte particulièrement essayé lorsqu'elle m'a souhaité une chasse fructueuse et a exprimé l'espoir que je reviendrai sain et sauf. Mais son sourire et son regard en disaient encore plus...

Et maintenant nous sommes arrivés au bon endroit. Nous nous sommes allongés en ligne, comme convenu précédemment, pour localiser et encercler la proie avant que nous ne croisions nous-mêmes son regard. Et puis ça a commencé ! Nous avons vu des cochons sauvages juste au moment où ils nous ont repérés. Pendant que j'hésitais, ne sachant pas quoi faire, des chasseurs plus expérimentés ont entouré un cochon et tous ensemble ont essayé de le faire tomber par terre. Mais ce n'était pas facile, car le cochon voulait vivre autant que nous voulions manger. J'ai "dansé" autour du combat, essayant de couvrir tout espace par lequel l'animal pourrait s'échapper. Exactement çaJ'étais censé faire selon notre plan. Finalement, après de nombreuses vaines tentatives d'évasion, le cochon s'est épuisé, l'un de nos hommes forts l'a saisi fermement, l'a mis sur lui-même et, avec ce fardeau grinçant, s'est précipité vers notre camp.

Et puis quelque chose est arrivé que nous voulions le moins. Nous avons repéré une autre escouade de guerriers. Évidemment, ils ont entendu un bruit et ont couru vers nous. Leurs forces étaient plus fraîches et cela ne leur a rien coûté de nous vaincre. De plus, notre pisteur a noté que certains d'entre eux appartenaient à une tribu appelée "ours" par nos anciens pour leur force et leur cruauté.Nous nous sommes préparés à nous battre et à tout prix à sauver le butin si durement gagné pour nous. Excitation, peur, anticipation, colère - tout est mélangé. Je me souviens assez vaguement de ce qui s'est passé ensuite. Les deux escouades se sont affrontées, agitant les bras et les jambes, donnant des coups de pied, se battant avec des bâtons et des poings. J'ai pris beaucoup de coups et j'ai moi-même frappé sans relâche. Notre cochon s'est réveillé et s'est échappé des bras du chasseur qui la tenait dans une commotion. L'un des "ours" l'a attrapée et a tenté de s'échapper.

Même si nous étions fatigués, nous n'allions pas abandonner. Nous l'avons poursuivi, l'avons rattrapé et l'avons jeté à terre. Le cochon s'est de nouveau libéré, mais cette fois il a été attrapé par l'un de nos hommes les plus forts et les plus rapides. Encouragés par cette tournure des événements, nous l'avons entouré, essayant de ne pas laisser un seul "ours" s'approcher. Le combat a continué, mais nous n'avons pas abandonné. Finalement, nous n'étions pas loin de notre camp et, entendant un bruit, ils ont couru pour nous aider. Nous avons atteint notre objectif !

Je n'ai jamais connu une telle élévation dans ma vie. Tout le monde criait et agitait la main. Et puis c'est mieux : « ma » copine a couru jusqu'à moi et a sauté de joie. Je me souviens qu'alors nous nous sommes embrassés. J'étais en sueur, sale, à bout de souffle, et elle m'a serré dans ses bras ! Je fus ravi!
Et je me suis réveillé.

Réveillé! Ce n'était donc qu'un rêve ? Impossible ! Tout était comme dans la vie : tout aussi lumineux, vivant, émotionnellement ! Je ne veux pas l'oublier. Un rêve aussi vivant et réaliste doit signifier quelque chose d'important. Intéressant... eh bien, j'y penserai peut-être une autre fois, le football commence et je ne raterai ce match pour rien au monde !Mais qu'en est-il d'une sorte de match de foot quand on parle de la chose la plus importante de la vie, des vérités universelles ? Réponse : Le fait de l'énorme popularité des soi-disant jeux de sport nous en dit long sur la position actuelle de l'humanité sur son chemin évolutif, et indique également aux sages ce que nous devons surmonter. Il n'y a, bien sûr, rien de mal avec le sport en soi.

D'une manière générale, faire du sport est un bon moyen de libérer de l'énergie physique et émotionnelle et, bien sûr, c'est bien mieux que la guerre (qui a d'ailleurs toujours été un sport pour personnes agressives). A notre époque, où les guerres sont devenues tropterrible à féliciter, ce n'est pas un hasard si le sport a commencé à gagner de plus en plus en popularité. Bien que les sports de compétition soient généralement assez inoffensifs, c'est un exemple qui nous montre non seulement la force de "l'attraction" de la matière que nous devons vaincre, mais aussi à quel point nous sommes sensibles aux influences des formes-pensées anciennes dans l'aura du Terre, ou, en d'autres termes, à la mémoire des ancêtres. (Et il y a bien d'autres exemples qui ne sont pas si anodins.) Il faut aussi comprendre que les gens vivaient en tribus et chassaient depuis des millions d'années, c'est-à-dire bien plus longtemps que n'a duré la période d'agriculture et de commerce. De plus, la survie même d'une personne dépendait du succès de la chasse. Cela explique pourquoi ces formes-pensées sont beaucoup plus fortes que celles qui sont apparues beaucoup plus tard. Comme indiqué dans la section précédente de ce livre, il y a des gens qui, même maintenant, commencent à peine à sortir de ces phases initiales du processus évolutif. Le sport n'est qu'un exemple de la force et de l'émotion que votre passé nous retient.

Si vous ne croyez pas que le sport provient d'anciennes formes de pensée, faisons une analyse. Tout jeu sportif commence généralement par le fait que des groupes (ou, dans le cas le plus simple, des paires) de personnes en compétition se rassemblent. Souvent, des clubs, des raquettes ou des battes ressemblant à des clubs ou des haches sont utilisés dans les jeux - ainsi que des balles ou des objets similaires (de la taille d'un petit animal ou d'un oiseau). Ces objets doivent être passés par-dessus ou autour d'un obstacle, entrer dans le "panier" ou la "porte", les marteler avec un bâton ou une queue dans un trou, etc. Cela ne ressemble-t-il pas au processus d'attraper et de marteler une proie de chasse et de livrer C'est la maison"? Dans ce cas, vous devez déjouer ou maîtriser une autre tribu ... c'est-à-dire une autre équipe. Dans les grands sports, l'équipe adverse est toujours d'un autre endroit, seuls les enfants jouent à des jeux sportifs "entre eux".

Il est curieux que les Américains appellent encore aujourd'hui le ballon de football"peau de porc" (peau de porc). Faut-il avoir beaucoup d'imagination pour voir dans ce bal le cochon de mon rêve, pour lequel deux groupes de primitifs se sont tant battus ? (Surtout en ce qui concerne le football américain.) Comme je l'ai déjà dit, la plupart des "jeux sportifs" sont généralement des exemples inoffensifs de l'influence de formes-pensées anciennes et pas très anciennes, conservées dans l'aura terrestre, associées à l'obtention de nourriture.

Mais il existe de nombreux « vestiges du passé » qui peuvent être très dangereux.Qu'il suffise de rappeler les guerres sanglantes pour la terre qui se déroulent encore à ce jour. Les peuples se battent pour le droit de posséder le territoire où leurs ancêtres ont vécu il y a des milliers d'années. Je sais que c'est un sujet délicat, car il y a eu des occupations et des déplacements forcés, et certains peuples ont le droit légal d'exiger la restitution de leur terre natale (bien sûr, chacun a droit à un espace de vie décent). Mais cet attachement au "sol", lorsqu'il est poussé à l'extrême, empêche une personne de lever les yeux et de concentrer ses efforts sur le chemin de l'ascension vers notre vraie Patrie.

Tout au long de notre vie, l'âme peut de temps en temps vouloir qu'une personne ou des personnes bougent - afin qu'elles communiquent avec d'autres personnes et reçoivent de nouvelles leçons. Restant longtemps au même endroit, les gens arrivent à la stagnation, car ici toutes les leçons ont déjà été passées. Pas étonnant que l'humanité devienne de plus en plus mobile et *global* communauté. Les personnes éclairées profitent de nouvelles possibilités de liberté pour diversifier leur expérience et apprendre quelque chose. Pour en revenir à la question de savoir comment le sport s'intègre dans le tableau d'ensemble, il y a un autre point important à souligner. Pour qu'un objet vole (ceci est connu de tout pilote), la force de levage doit vaincre la force de gravité.

Il en va de même lorsque vous atteignez des sommets spirituels. Comme dans un avion, il y a des forces qui veulent nous soulever et des forces qui veulent nous retenir. Les énergies qui nous élèvent vers des sommets spirituels et nous font avancer vers une nouvelle conscience sont guides planétaires divins, ainsi que notre propre Âme. Ils sont opposés par des forces qui veulent nous retenir ; certains d'entre eux sont évidents et sont appelés "les forces du mal", d'autres ne sont pas si évidents et donc plus difficiles à surmonter. L'énergie de la matière elle-même a de très faibles vibrations (parlant dans un sens spirituel), et pour que les règnes supérieurs, y compris l'homme, progressent, cette propriété de la matière doit être surmontée. Une grande partie de ce qui se passe dans le monde physique est une "lutte" entre l'Esprit et la matière, qui se manifeste chez l'homme comme une lutte entre l'Âme et la personnalité.

Comme discuté dans la section précédente, l'univers est notre professeur. Faites donc particulièrement attention au symbolisme : il peutraconte beaucoup. Le niveau de matière le plus lourd est le domaine minéral, qui est essentiellement inconscient et immobile. Le règne suivant, moins lourd, et avec les débuts de la conscience, est le règne des plantes, qui ont une mobilité limitée. Vient ensuite un royaume encore plus léger avec une conscience et une mobilité encore plus grandes - le règne animal (la classe des oiseaux est également associée au royaume des dévas). Et, bien sûr, le domaine humain (dans son ensemble) est le plus léger et le plus mobile de tous les domaines du plan physique. Beaucoup ne réalisent pas que les royaumes supérieurs ou spirituels sont si légers (et éclairés) que nous ne pouvons même pas les ressentir physiquement, et bien sûr ils ont déjà atteint ce que nous appellerions une liberté presque illimitée.

On sait aussi que le règne végétal détruit et consume progressivement le règne minéral qui, à son tour, absorbé par le règne animal (et la forme animale de notre corps humain). Ces processus physiques correspondent à la montée de la conscience dans les royaumes supérieurs. Par exemple, lorsque nous (ou les membres du règne animal) mangeons des plantes, notre énergie supérieure est en fait bénéfique pour le règne végétal. Une autre chose est quand les gens mangent des animaux, car l'énergie de ces derniers est souvent forte et grossière et, agissant sur une constitution humaine plus sensible, a un effet grossissant.

Regardez toujours en termes d'énergies !Par conséquent, le plus souvent, l'utilisation de la viande n'est pas encouragée dans la pratique spirituelle, et s'il est permis de manger de la viande, la viande des classes d'animaux inférieures et moins cruelles est recommandée - poisson, fruits de mer, mais pas la viande de mammifères carnivores . Et donc, soit dit en passant, nous, les humains, transformons thermiquement la viande pour en faire de la nourriture, en utilisant le pouvoir inhérent au feu pour expulser une partie des énergies animales brutes.

Parlons des objectifsstades supérieurs des royaumes.Le but principal du règne minéral est d'acquérir la qualité d'organisation. Regardez un beau cristal et réfléchissez au niveau d'organisation nécessaire pour atteindre une telle perfection. Fait intéressant, le stade le plus élevé de l'évolution du règne minéral est considéré comme la radioactivité, lorsque la forme n'est plus en mesure de supporter la vie qui l'habite - et encore une fois, nous parlons d'un degré élevé de liberté. Quelque chose d'analogue à de telles transformations sur le plan physique se produit également dans les royaumes subtils. Lorsque la conscience des minéraux les plus avancés s'élève progressivement au niveau du "premier étage" du règne végétal, l'essence de leur âme est transférée dans ce règne.

Commence alors le voyage vers un nouveau niveau de conscience. Au fur et à mesure que la vie végétale la plus simple se développe en des formes de plus en plus élevées (y compris les arbres, souvent appelés les "poumons de la planète"), l'âme (de groupe) s'éveille. À la fin, il y a un point culminant lorsque «l'âme» peut se manifester à travers la beauté des fleurs: la liberté s'exprime par leur capacité à rayonner l'odeur et la couleur, ce qui attire les insectes plus développés, ainsi que les oiseaux et les humains. Nous, le peuple, honoronsfleurs lorsque nous les utilisons dans nos rituels les plus importants et reconnaissons leur pouvoir de guérison subtil lorsque nous les donnons aux infirmes.

Le but du règne végétal est d'apprendre à sentir. Peu à peu, cela conduira à des émotions et des désirs élémentaires, lorsque l'énergie de l'âme passe dans le règne animal.La vague de vie progresse dans le règne animal, la complexité et la mobilité des organismes augmentent ; la vague atteint enfin le niveau de vie le plus élevé de ce royaume : les animaux domestiques. Ils ont la plus grande liberté de mouvement, alors qu'ils veulent et peuvent accompagner une personne partout. Par conséquent, lors de l'apprivoisement d'un animal qui peut être rendu domestique, nous changeons l'esprit animal en "pré-humain" et, dans une certaine mesure, il commence à se considérer comme l'un de nous.

Le but du règne animal est d'acquérir progressivement des émotions et des désirs, puis de développer ces sentiments à un niveau presque mental. (Nous savons que certains animaux de compagnie sont assez intelligents.)Parce que ce royaume commence avec des êtres unicellulaires, ces processus prennent de longues périodes de temps. Eh bien, c'est très bien, mais qu'est-ce que cela nous rapporte ? Le problème pour l'humanité est que, tandis que tous les règnes s'efforcent d'atteindre l'illumination à long terme, les énergies fortes et grossières de la matière, l'inertie de la matière, nous entraînent vers le bas. En un mot, le problème est le matérialisme. L'humanité ne réalise pas à quel point l'influence de ces forces sur notre royaume est forte et à quel point nous y sommes sensibles.Les choses (Matière) ont aveuglé la plupart d'entre nous.

Nous sommes tellement plongés dans leur charme que nous ne les remarquons plus. Elle est pour nous ce que l'eau est pour les poissons.On dit que "l'amour de l'argent est la racine de tous les maux". Et c'est vrai. L'amour de l'argent (matériel) est en effet la racine de presque tout ce qui est mauvais dans le monde humain. Les trois "M" - matérialisme, monétarisme et militarisme - ne sont pas mauvais en eux-mêmes et jouent même un rôle nécessaire dans l'évolution humaine. Le seul problème est notre attachement excessif à leur énergie. Et le pire, c'est que nos institutions publiques soutiennent cette mentalité.

Ici, il faut souligner que la matière grossière nous donne une autre illusion encore plus dangereuse : au niveau de la matière, tout semble exister.séparément. Le plus souvent, lorsque nous sommes dans le règne humain, nous ne réalisons pas que nous en faisons partie et que nous sommes connectés avec tous les autres qui s'y trouvent, ainsi qu'avec tout ce qui se trouve dans tous les autres règnes, sur la planète entière et même dans l'univers entier. Une fois que nous aurons compris cela, il y aura une fin aux guerres, au crime et aux atteintes délibérées aux autres. Nous commencerons à adhérer à la règle d'or : traiter les autres comme nous voulons que les autres nous traitent. (Nous en reparlerons bientôt.)

Nous devons comprendre que le règne humainil faut aussi travailler pour gagner en liberté, mais on n'est pas libre si on s'accroche à la matière !Tout au long de l'histoire de l'évolution humaine, tous les maîtres spirituels ont souligné la nécessité de surmonter notre attachement au matériel. En effet, nous ne pouvons pas « servir deux maîtres ». Lorsque nous concentrons nos énergies sur les choses matérielles, nous nous privons de la capacité de soutenir la croissance de notre conscience. Une personne acquiert une liberté maximale lorsque nous prenons le contrôle de notre vie et que nous nous libérons du charme de la matière, lorsque nous commençons à agir au niveau de nos corps supérieurs sous la direction directe de l'Âme. Ce faisant, nous entrons finalement consciemment sur la voie du disciplulat spirituel. Alors seulement, en fait, nous devenons des personnes au sens plein du terme !

Le "matériel" n'est pas seulement des "choses" sur le plan physique qui peuvent être entendues, vues, touchées, goûtées, senties. Il existe des correspondances supérieures de matière aux niveaux inférieurs de tous les plans. Prenons, par exemple, le plan astral : c'est là que surgissent nos désirs, associés à la richesse matérielle, à l'argent et aux sensations physiques (y compris sexuelles). Au niveau le plus bas du plan mental, nous découvrons comment satisfaire notre avidité et notre sentiment de supériorité, et nous convainquons qu'il n'y a que la réalité que nous vivons physiquement. Il est temps d'arrêter de gaspiller tant d'énergie sur ces niveaux bas et relativement matériels !

Il est bien connu que très souvent des personnes qui ont sauvé toute leur vierichesses, deviennent très malheureux et dévastés par l'âge et finissent leur vie comme de simples créatures misérables. Il arrive que la vie de leurs enfants échoue également, car avec l'argent, ils héritent de valeurs déformées. On peut juger du statut évolutif d'une personne riche (ou puissante) selon qu'elle essaie seulement de maintenir ses privilèges et ses capitaux, ou qu'elle est encline à prendre soin des moins fortunés et à prôner un ordre plus juste qui offre à tous des chances égales. utiliser les ressources terrestres.bonnes choses. Vraiment heureux sont ces gens riches qui voient la Lumière et se libèrent des chaînes du matérialisme ; ceux-là deviennent souvent de grands philanthropes. Les êtres hautement développés ont bien dit : « A qui on donne beaucoup, on demandera beaucoup à qui ».Nous devons constamment évaluer à quoi nous consacrons notre énergie. Notre mode de vie influence non seulement notre environnement immédiat, le changeant pour le meilleur ou pour le pire, mais montre également aux mentors de l'humanité si nous apprenons des leçons pour nous-mêmes et si nous sommes prêts à assumer encore plus de responsabilités.

Par conséquent, de nombreux chercheurs spirituels préfèrent vivre modestement et sans prétention et considèrent que tout environnement allant de l'ascèse à la prospérité modeste est digne. Après tout, la vraie beauté est simple et discrète. Cela ne signifie nullement une noblesse particulière de la pauvreté. Nous devons nous efforcer d'être le maître de nos vies et de ne pas être esclave de l'argent ou de la pauvreté ! La clé ici, encore une fois, est la capacité de distinguer et un sens des proportions lors de l'établissement des priorités.

Libre Arbitre Individualisation

Nous avons déjà dit que la qualité distinctive du règne humainest le libre arbitre. Dans le règne animal, il existe une âme de groupe pour chaque espèce animale et, par conséquent, le comportement des représentants d'une espèce est assez similaire et typique. Nous, les humains, sommes complètement imprévisibles, du moins jusqu'à ce que notre personnalité devienne entière, puis s'aligne et fusionne avec l'âme. Nous devrions en quelque sorte inviter l'âme en nous et apprendre à suivre ses conseils. Jusqu'à ce moment-là, nous récolterons les fruits de notre incapacité à utiliser notre libre arbitre, à ressentir la douleur et la souffrance, à continuer de faire des choix destructeurs encore et encore, jusqu'à ce que nous réalisions enfin que personne ne devrait perdre dans la vie. Et ce sera bien mieux si vous agissez avec sagesse et faites des efforts en groupe, c'est-à-dire manifestez les qualités de l'Âme.

Le libre arbitre est nécessaire dans les premiers stades de l'expérience humaine afin de construire une forte personnalité individualisée. Alorsafin d'intégrer les composantes de la personnalité (physique, émotionnelle, mentale). Et puis - afin d'aligner toute la personnalité avec l'âme. Devenir une personnalité entière et alignée, démontrant les qualités de l'Âme - c'est le but d'une personne au stade actuel de l'évolution ! Tout cela est nécessaire pour acquérir les qualités uniques qui nous permettront plus tard de remplir notre rôle spécial dans le Plan Divin. Si une personne est en contact avec son Âme, nous la percevons déjà comme une personnalité intégrale.

Dans la section précédente, nous avons parlé du cycle

de vie humain typique en tant que reflet du cycle de vie plus large du règne humain sur la voie de l'évolution. D'un point de vue global, il est intéressant d'observer comment les États et autres institutions publiques suivent souvent le même modèle de cycle de vie qu'une personne. Par exemple, les jeunes États (ou les États dirigés par des dirigeants spirituellement peu développés) se comportent généralement comme des jeunes : ils sont passionnés par la force physique (militaire), la "jolie" (apparence) et l'accumulation de jouets (produit national brut). En revanche, les pays développés accordent généralement plus d'importance à la sagesse, à l'art et à la vraie beauté. En d'autres termes, pour eux, le côté qualitatif de la vie est en premier lieu, et non le quantitatif.

Il semble qu'il conviendrait maintenant de donner des définitions plus claires et plus larges de la « personnalité » individuelle, ainsi que de « l'Âme » et de « l'Esprit ». Dans le langage de la science spirituelle, la "personnalité" est définie comme les trois corps inférieurs d'une personne - ou quatre si le corps éthérique est considéré comme séparé duphysique; les deux autres sont le corps émotionnel (corps du désir, corps astral) et le corps mental. Nous avons déjà parlé des "niveaux" ou "plans" de l'être, mais nous devons revenir sur ce sujet de temps en temps pour avancer. Bien sûr, nous savons bien ce qu'est notre corps physique, et peut-être tenons-nous pour acquis tout ce qui concerne son activité vitale. En fait, la Vie est apportée par la présence d'un corps éthérique ou énergétique (parfois appelé vital, c'est-à-dire « vie »). Lorsque notre corps énergétique se déconnecte, cela signifie la mort (physique). (Dans la section suivante, nous parlerons en détail de notre corps énergétique.)

Lorsque nous dormons ou sommes inconscients, la connexion avec les corps supérieurs est maintenue, mais ils ne pénètrent pas nécessairement le corps physique. En fait, la "vie" sur le plan physique est une décomposition (et cela peut être vu en regardant une plante flétrie ou un animal mort), car elle se décompose en ses parties constituantes pour devenir autre chose. Bien sûr, cette fonction est très importante à son niveau, mais elle joue un rôle secondaire lorsque le corps est occupé par la Vie.En d'autres termes, notre corps physique n'est rien d'autre qu'un costume dans lequel il nous convient de recevoir nos leçons, mais il n'est pas éternel et lorsque nous usons le "costume", nous devons nous en débarrasser au plus vite. façon hygiénique. C'est l'une des raisons pour lesquelles la crémation fait de plus en plus partie de la conscience humaine et est de plus en plus utilisée : la crémation purifie et libère des énergies pour un nouvel usage, sinon elles se décomposeraient progressivement et pollueraient l'environnement.

Par conséquent, il y a beaucoup plus de sens à la crémation qu'àgaspiller de l'énergie et des matériaux précieux sur un cadavre déjà inutile.Il est très important de comprendre que la façon dont nous vivons maintenant détermine comment notre corps sera dans la prochaine vie (et c'est une autre raison pour laquelle nous devrions suivre les conseils de l'âme). En fait, par nos actions nous créons tout avenirconducteurs (corps) pour la prochaine incarnation de sa personnalité, y compris astrale et mentale. Nos émotions et nos désirs nous sont bien connus, mais nous devons également être conscients qu'ils existent dans un "espace" spécial, vaste et potentiellement dangereux - sur le plan astral.

Le danger est lié au fait qu'à ses niveaux inférieurs, dans le "monde astral", se cachent les peurs collectives, la colère et la haine de l'humanité - les germes de la violence. Malheureusement, beaucoup de gens passent la plupart de leur temps sur le plan astral. Par conséquent, il est très important de "calmer les eaux" de nos émotions et de développer la maîtrise de soi. Et alors nous aurons une "surface" réfléchissante claire sur laquelle des énergies spirituelles supérieures pourront être imprimées.

Les enseignants de l'humanité ont toujours utilisé le symbolisme de l'eau lorsqu'ils ont donné leurs instructions sur le plan astral (émotionnel) ; par conséquent, en considérant les qualités de l'eau (liquide), vous pouvez en apprendre beaucoup sur elle. Lorsque les vibrations de l'eau diminuent, elle devient dure et froide (glace) ; lorsque les vibrations sont trop élevées, il se transforme en vapeur (passage à des niveaux supérieurs). L'eau « goutte à goutte use la pierre » ; il dissout les minéraux. De la même manière, les royaumes supérieurs (mental et spirituel) détruisent et consument les royaumes inférieurs (physique et astral).

Tous nos désirs et émotions provoquent la sécrétion de divers fluides : l'anticipation est associée à la libération de sueur ou de salive, la joie et la tristesse - aux larmes, la peur intense - à la miction, l'excitation sexuelle - à la libération des secrets sexuels correspondants. Lorsque nous tombons malades, notre corps libère également des fluides de différentes manières et à différents endroits. Cette connexion se retrouve inconsciemment dans notre vocabulaire : éprouvant des émotions fortes, nous « bouillons », « figeons », « fondons », « déversons des sentiments », etc. Nous avons déjà dit que l'univers est notre maître. Par conséquent, dans tout, vous devez rechercher la conformité!

Un grand enseignant de l'Est a dit : "Pour se débarrasser de la souffrance, se débarrasser d'abord des désirs." En conquérant progressivement vos désirs, nous sentirons certainement comment notre souffrance diminue et nous devenons plus heureux. Nous avons déjà parlé (et continuerons de parler) de l'importance de ne pas s'attacher à quoi que ce soit. Passons maintenant au corps mental d'une personne. L'esprit inférieur ou concret est cette partie de notre esprit qui préfère tout démonter et analyser. Il est fier de sa logique et, comme mentionné dans la section précédente du livre, il est appelé le "tueur du réel" parce qu'il ne voit pas toute l'image de l'univers. (C'est la prérogative de l'Âme.)

Les illusions de l'esprit sont beaucoup plus insidieuses que les illusions du plan des émotions et des désirs, et tout aussi excitantes. Les personnes qui traversent l'étape de polarisation au niveau le plus bas du plan mental sont convaincues qu'il n'y a rien d'autre que le physique, et que la vie incroyablement complexe - et en général l'univers manifesté tout entier - est née à la suite d'une série d'événements aléatoires. événements. Une telle pensée est basée sur la croyance en des absurdités telles que : « si un nombre suffisamment important de singes sont autorisés à jouer avec une machine à écrire, au moins l'un d'entre eux, tôt ou tard, « trébuche » accidentellement sur une œuvre littéraire de génie ».

La pensée concrète a conduit certaines personnes assez intelligentes à l'illusion que notre planète entière, avec ses paysages incroyablement beaux et complexes, autosuffisants, la vie auto-améliorante, autorégulatrice et même consciente de soi est apparue par hasard, selon les lois de la probabilité ! Si j'ai offensé l'un des lecteurs, je m'en excuse. Mais de telles croyances sont le résultat d'une réflexion limitée, et il est temps de les remettre en question. Il est temps que l'humanité se réveille ; Il est temps que les gens commencent vraiment à réfléchir, à poser et à résoudre des questions difficiles, et pas seulement à accepter les hypothèses erronées de quelqu'un d'autre. Comme mentionné ci-dessus, l'illusion la plus grande et la plus dangereuse de l'esprit concret est l'illusion de la séparation. Le mental supérieur sait que tout est uni ! Mais nous devons tous suivre notre propre chemin afin de nous libérer des carcans du plan astral et de son "charme" émotionnel. Même cette information est suffisante pour comprendre facilement pourquoi notre petit moi nous pose, ainsi qu'à tous les membres du règne humain, tant de problèmes.

La nature humaine est telle que nous ne sommes tous focalisés que sur nous-mêmes, nous ne nous intéressons qu'au "je, moi, mien", qu'à notre propre corps physique avec ses appétits, que nos désirs, qui nous conduisent invariablement à une impasse, et notre esprit très limité, occupé principalement par ses propres illusions. (Maintenant, nous ne parlons pas de l'esprit abstrait ou supérieur, qui fait partie de notre moi spirituel.) Tout le temps, tout au long de nombreuses vies, l'Âme observe et donne des instructions à la personnalité, qui continue de s'améliorer, jusqu'à ce que, finalement, il devienne clair que la personnalité s'est bien développée. L'âme sait que maintenant la personne doit construire un pont arc-en-ciel qui reliera la personnalité au "je" spirituel supérieur (qui a toujours existé sur ses propres plans).

Mais il y a un problème ici : la personnalité aime toutes les choses telles qu'elles sont ; elle est satisfaite de la situation, elle aime commander et elle ne va pas céder son pouvoir. Fait intéressant, dans les Enseignements de la Sagesse, la personnalité humaine (à ce stade de l'évolution) est appelée le « Gardien du Seuil » : après tout, elle veut garder son contrôle et nous empêche d'atteindre et de nous connecter avec notre supérieur, ou spirituel. , "JE". C'est la principale cause de toutes les souffrances humaines. inférieur, le « je » mondain résiste constamment à la direction de l'Âme pour la pénétration de son énergie. En fin de compte, tout le conflit se résume à la résistance de la matière à l'Esprit (et nous sommes encore largement de la matière). Son résultat est la douleur, qui survient immédiatement ou plus tard, car "comme vous semez, vous récolterez" (dans certaines traditions, cela s'appelle "karma"). Il ne faut pas beaucoup d'imagination pour imaginer comment le monde changerait si la plupart des gens ne se concentraient pas sur leur propre personnalité, mais sur votre corps spirituel. Même maintenant, en présence d'une personne dont la personnalité est « imprégnée » de l'Âme, on ressent une paix intérieure, de la lumière et un grand désir de faire le bien !

C'était donc une description simplifiée de la personne. Et qu'est-ce que le « je » spirituel supérieur ? Notre triade spirituelle, ou corps spirituels, existe sur les plans (dans les "sphères") des trois attributs Divins que nous avons déjà mentionnés : Volonté Divine, Amour-Sagesse, Raison Supérieure (abstraite). Ils forment la Sainte Trinité, ou les trois Rayons d'Aspect sur les sept Rayons Cosmiques Divins d'Énergie. C'est difficile à expliquer et à vraiment comprendre, car nos composantes spirituelles sont encore éphémères car nous les nourrissons trop peu. Mais nous avons tous parfois des moments où nous nous élevons aux sommets de belles pensées, de créativité, de sagesse, d'amour pur et voyons un aperçu de notre véritable potentiel.

Maintenant, notre planète et notre système solaire traversent une longue période de croissance, et la qualité la plus importante dont l'humanité a besoin pour se développer est la qualité du Second Rayon - l'Amour. Notre Dieu est le Dieu d'Amour. Dans le cycle de vie précédent de notre système solaire, notre Dieu était (principalement) le Dieu de l'esprit et de l'activité. C'est la séquence du développement spirituel : nous acquérons d'abord l'intelligence, puis l'Amour (et nous pouvons aimer intelligemment). Maintenant, nous avons tellement d'intelligence (sans amour) que tous les problèmes imaginables nous sont lancés. Il nous est encore difficile de comprendre l'Amour au niveau spirituel. Ce que nous considérons comme l'amour est principalement l'amour pour nous-mêmes ou pour nos semblables. Nous commençons à peine à acquérir la qualité dont parlaient les maîtres de l'humanité : l'amour pour ceux qui sont loin, l'amour pour les ennemis. Arrêtons-nous plus en détail sur ce point important.

La première chose qui me vient à l'esprit est : comment puis-je aimer quelqu'un que je n'aime pas ou que je ne connais même pas ? C'est toute la différence entrepersonnalité et notre "Moi" Divin supérieur. En passant, notons qu'au stade actuel du développement humain, notre « moi » spirituel est représenté par l'Âme. Mais à la fin, même l'Âme ne nous sera plus nécessaire - nous monterons dans le royaume même du Saint-Esprit. Nous avons déjà dit qu'un autre problème est notre langue moderne. Il est facile de comprendre pourquoi une si grande partie de la sagesse écrite du monde est basée sur des langues anciennes : elles (le sanskrit en particulier) ont des mots et des expressions qui expriment les réalités spirituelles avec beaucoup plus de précision. Les traductions des Saintes Écritures dans les langues occidentales modernes sont souvent corrompues, et nous devons emprunter des mots à d'autres langues afin de mieux exprimer des vérités profondes.

Mais revenons à l'Amour et essayons de le comprendre. Commençons par des mots comme « compassion » et « sympathie ». Le sens le plus élevé et le sens le plus subtil de mots tels que "intuition""esprit pur", "compréhension", "pureté", "intégrité", "attention", "vérité", "sympathie", "courage", "illumination", "grâce", "faveur" aideront à mieux révéler le sens du véritable Amour spirituel. C'est quelque chose de très éloigné d'une personnalité "amoureuse" sentimentale, égoïste et liée au sexe. Dès que nous commençons à voir les autres tels qu'ils sont réellement, c'est-à-dire des êtres, comme nous, passant le chemin de l'évolution (consciemment ou non), leurs traits deviendront plus clairs pour nous. Quand je me vois et la plupart de l'humanité comme les enfants sur le chemin spirituel que nous sommes vraiment, il devient beaucoup plus facile pour moi de comprendre les autres (et moi-même) ; alors l'amour germe pour tout et pour tout le monde. Une perspective plus élevée s'ouvre et vous commencez à réaliser ce qu'est l'Amour spirituel sans aucune condition. Ce'

Mauvais

En parlant d'Amour, il faut aussi mentionner son absence — ce que nous appelons le mal. Le bien et le mal ne sont pas déterminés par des lois arbitraires, transmises par une divinité incompréhensible. Le bien est ce qui s'avère être le plus grand bien pour la plupart des gens ; le mal est ce qui cause du mal et de la souffrance. Tout semble si simple; mais nous continuons à nous blesser et à blesser les autres.

En termes d'énergie spirituelle, l'Amour et la Lumière sont deux aspects de la divinité, et le contraire de l'Amour est la peur. Par conséquent, lorsque la lumière de l'Amour est obscurcie, l'ombre de la peur apparaît. Si nous laissons entrer la Lumière, alors la peur se transformera en Amour. Si nous ne le faisons pas et permettons à l'ombre de devenir ténèbres, alors sur le plan astral la peur se transformera en haine, et sur le plan physique elle se transformera en violence. Un cercle vicieux s'installe : la peur engendre la haine - qui mène à la violence - qui engendre la peur, et la boule de neige grossit et grossit. C'est ainsi que fonctionne le mal : tout commence par la peur !

Chaque fois que quelqu'un sème la peur, tout cela fait le jeu des forces obscures ! Il ne s'agit pas de ces grandes et petites angoisses justifiées qui sont inévitables sur notre chemin humain. Ils peuvent être traités de manière sage et éclairée. Il faut le souligner à nouveau : au niveau de la matière, tout semble séparé. La matière, en revanche, a des correspondances sur les niveaux inférieurs de tous les plans (astral, mental, etc.), car ces niveaux, par essence, représentent les énergies les plus grossières et les plus lourdes des plans correspondants. Ainsi, lorsque les niveaux inférieurs du plan émotionnel ou mental sont impliqués (et ils le sont souvent), nous nous percevons comme séparés des autres, et dans ce cas, une ombre de peur surgit facilement.

Essentiellement, tout mal vient de l'illusion de la séparation et de son écho, l'illusion du manque. L'univers est abondant, mais nous, les humains, créons notre propre désavantage par notre cupidité, notre ignorance et notre stupidité. Et nous commençons à croire que nous pouvons faire quelque chose pour notre propre bénéfice, même si cela fait mal. nuire aux autres. Après avoir traversé cette étape et réalisé que nous faisons tous partie d'une grande Unité, nous commençons vraiment à "faire aux autres ce que nous voudrions qu'ils nous fassent", car si nous faisons partie de Dieu, ou de l'Univers, alors les autres sommes nous et mangeons! Nous ressentons cette connexion même à un niveau personnel lorsque nous passons à des sentiments plus élevés, tels que la parentalité ou la romance. Nous devons comprendre qu'aux niveaux les plus élevés, nous faisons partie de l'Univers et sommes connectés à tout ce qui existe en lui. A ces niveaux, toutes les composantes de la Vie planétaire sont interconnectées, et elle est directement reliée à la Vie solaire, qui fait partie intégrante de la Vie Cosmique (ou Dieu). Cela explique pourquoi les Êtres Divins s'identifient à Tout ce qui est, et pourquoi l'Âme se manifeste dans une véritable compassion au niveau humain.

La sympathie est la correspondance la plus basse de

"l'Identité Divine!" Une fois que nous aurons compris cela, et il y aura une fin aux guerres, au crime, et nous ne blesserons plus intentionnellement d'autres personnes. Ensuite, nous suivrons vraiment la règle d'or et commencerons à traiter les autres comme nous voulons qu'ils nous traitent. Nous sommes une seule humanité, une seule planète, un seul système solaire, un seul cosmos, et tout cela fait partie d'une seule Vie. Par conséquent, l'humanité, lorsqu'elle finira par s'unir et devenir éclairée, fera de la Terre une planète sacrée. Si nous pouvions avoir une vue d'ensemble, voir toute l'étendue de l'évolution humaine, voir comment nous finirons par apprendre les leçons nécessaires et, en grandissant, ne nous ferons plus de mal ni aux autres, alors le mal et la souffrance prendraient leur juste place dans cette image.

La douleur et la souffrance, telles que nous les vivons, sont des conditions temporaires ! Et la naissance d'un enfant est généralement associée à un inconfort temporaire et il est difficile de s'occuper d'un bébé. Mais, lorsque les enfants grandissent, tous les moments désagréables sont oubliés et la communication avec eux apporte de la joie. Nous devons comprendre que nous sommes tous des "enfants de Dieu" et, ayant vécu d'innombrables vies, nous sortirons de l'étape initiale de l'ignorance ; ayant éprouvé de la douleur à la suite de mauvaises actions, nous dirigerons éventuellement nos énergies vers de bonnes actions ! Au fur et à mesure que notre conscience grandit, nous créons plus de karma positif plutôt que de nous faire du mal.

Le mal prévaut dans le monde principalement en raison des pensées et des actions des gens à deux niveaux. A un niveau, l'astral inférieur, on succombe à l'inertie de la matière, on est séduit par le côté sensuel des choses et de la vie matérielle et on veut les avoir pour toujours. C'est le résultat de la bêtise et de l'ignorance (on pourrait dire "péché d'omission"). Il peut être surmonté en engageant notre esprit supérieur et notre "volonté" et en faisant ce que nous savons être juste, en élevant l'énergie de la matière à un niveau supérieur, en ne permettant pas à la matière grossière de nous entraîner vers le bas.

À un autre niveau, le niveau mental inférieur, il existe des formes-pensées créées par ceux qui soutiennent délibérément les forces obscures et tentent d'empêcher l'illumination des gens. Ici règne le « péché de permettre ». Ces énergies sont nourries par ceux qui aiment le pouvoir et sont séduits par l'illusion de l'importance de leur personne. De telles personnes, concentrées dans la mentalité inférieure, sont plus dangereuses. Les forces du mal utilisent ces personnes pour fomenter des guerres, parce que de bonnes personnes sont involontairement impliquées dans des guerres, qui sont obligées de tuer et de détruire, se protégeant.

Ce que nous semons est ce que nous récoltons. Ne plaisante pas avec Dieu ! Ceux qui obstruent la Lumière et l'Amour, ne serait-ce que dans leurs pensées, cesseraient immédiatement de le faire, s'ils savaient quel enchaînement d'événements ils provoquent, et que tout cela se retournera contre eux. Après tout, les énergies du mal peuvent naître même au niveau subconscient, et nous devons contrôler nos pensées, car elles peuvent nous mener loin. Vous pouvez souvent entendre la question : s'il y a un Dieu ou des Êtres supérieurs, alors pourquoi n'interviennent-ils pas dans ce qui se passe et n'empêchent-ils pas le mal ? Cette question elle-même reflète un manque de compréhension de la conception et du but de l'évolution et du rôle que nous devons y jouer.

L'éradication du mal est la tâche principale du règne humain ! Nous devons nous rappeler que la matière est une substance (relativement) non éclairée. Et le mal dans les dimensions humaines provient du manque d'Amour et de Lumière. Et, bien que nous soyons encore à ce stade que l'on peut appeler "pré-divin", en quelque sorte à la veille de notre destinée divine, c'est d'abord nous, le peuple, qui jouent un rôle clé dans l'éradication du mal. Notre but (humain) est d'apporter la Lumière : elle se combine avec la matière et crée toutes les manifestations de l'Amour. Le mal n'est vaincu que par l'Illumination ! En d'autres termes, nous avons tous été créés dans le cadre du Plan Divin, et avec tous les autres composants de notre univers, nous sommes destinés à être des co-créateurs. C'est l'une des raisons pour lesquelles notre royaume existe. Sinon, comment pourrions-nous grandir si nous n'étions jamais confrontés à un choix et si quelqu'un d'autre faisait notre travail à notre place ? Nous ne sommes pas là pour nous promener !

Soulignons encore : nous, le règne humain, comme tous les autres règnes, sommes destinés à élever la conscience de la matière ; soulevez-le et libérez-le ainsi, et ne laissez pas la matière nous tirer vers le bas et ne pas nous retenir. Pour ce faire, il est très important d'ouvrir votre Cœur (centre du cœur, ou chakra). Cela est nécessaire pour nous-mêmes - pour toute l'humanité - et pour tous les autres règnes qui composent la Vie planétaire.A un certain niveau de notre être, nous savons tous que le monde tel qu'il nous est habituellement présenté n'est pas une réalité, et que beaucoup de valeurs de notre société sont de fausses valeurs ! Par exemple, imaginez à quel point le monde serait différent si nous honorions et cultivions l'altruisme plutôt que la cupidité.

Notez que la cupidité se propage partout ouvertement, agressivement et ouvertement, alors que l'altruisme ne fait que parler.Et si les modèles à admirer et à imiter étaient des altruistes, des gens compatissants qui font vraiment le bien ? Mais nous vivons dans un monde où les personnes infantiles avec les valeurs les plus basses, qui se livrent à leurs caprices toute leur vie, sont considérées comme "prospères" simplement parce qu'elles ont obtenu de l'argent ou du pouvoir temporel du système et l'utilisent pour leur auto-glorification. Le jour viendra où l'humanité atteindra un état plus mature sur le chemin de l'évolution et notre société sera assez sage pour corriger complètement cette illusion. En bref, l'illumination humaine s'obtient par : la méditation, qui peut d'abord prendre la forme d'une contemplation priante : nous devenons ouverts à la perception des influences célestes supérieures. L'étude sincère et constante est l'étude des vérités supérieures dans toutes leurs manifestations. Attitude à la vie comme un service au profit de la planète entière.

Méditation, étude, service — ce triple Chemin nous permet de commencer à ressentir nous-mêmes l'incroyable réalité, dans laquelle des dimensions supérieures de l'existence s'ouvrent à nous !Et non seulement ils sont ouverts, mais nous sommes encouragés de toutes les manières à entrer pour y participer et apporter notre contribution. Il est intéressant de noter que dans les enseignements ésotériques supérieurs, il est dit que ce que nous percevons comme Amour est le reflet inférieur de la Loi du Magnétisme, la Loi Universelle, qui maintient même les planètes et les systèmes solaires sur ses orbites.

Au début de la section, nous avons donné des exemples de la façon dont nous sommes attirés par le passé ; maintenant nous parlons de l'attraction du Cosmos ; une personne qui réfléchit a quelque chose à penser.Jusqu'à présent, j'ai essayé d'installer les prérequis importants suivants :

L'univers se compose de nombreux niveaux, degrés et unités d'énergie, chacun ayant sa propre conscience. Tous sont perçus comme matière, vie et espace.À notre niveau (humain) de développement spirituel, notre vie même, notre environnement et chaque expérience de la vie est notre maître. La racine de tout mal est dans l'attachement au matériel et dans l'illusion de la séparation. Nous sommes "Soul" et "Personnalité". Le « je » qui s'accroche au passé n'est centré que sur lui-même et s'étend jusqu'à la matière. L'âme, ou notre « moi » adulte, est dirigée vers l'avant, vers l'extérieur et vers le haut ; il prend soin du bien de l'ensemble et de la croissance de la conscience des niveaux inférieurs et plus grossiers (la matière).

Essentiellement, tout conflit est un conflit entre l'âme et la personnalité. Par conséquent, la douleur survient principalement à la suite de frictions causées par la résistance de la personnalité à l'appel de l'Âme. Ce qui nous semble être des crises dans nos vies personnelles sont en réalité des manifestations de crises spirituelles. Tout ce qui précède peut être considéré comme une introduction à la vie spirituelle pour le chercheur sincère.

Centres Énergétiques, Avions, Corps

Scène: salon. Jeune femme assise sur une chaise et lisant un livre. Le père entre dans la chambre.

Père: Salut comment ça va? Que fais-tu?

La fille: Je lis un livre merveilleux sur les chakras.

Père: Encore? Écouter! Vous savez dans votre cœur que tout cela n'a aucun sens ! Sortez tout de votre tête ! Ce sont vos gourous, ou quoi qu'ils soient, ils sont déjà assis dans mon foie. Je leur donnerais un coup de pied au cul ! Je sais, je sais ce que tu vas dire. Que je suis un matérialiste borné.

Rideau.

C'est reparti : le Soi Supérieur sait ce que la personnalité rejette.Même les personnes qui ont été amenées à ne pas croire à l'existence de corps spirituels et de centres d'énergies supérieures, dans la communication quotidienne, mentionnent inconsciemment les chakras principaux (ou secondaires). Comment se peut-il! Pourquoi choisissons-nous si souvent de rester aveugles (c'est-à-dire le « troisième œil ») ? Pourquoi continuons-nous à dormir alors que nous n'en avons besoin que d'un : se réveiller et voir la vérité tout autour de soi ? Comment pouvez-vous nier? Dans toutes les langues du monde, le mot « cœur » est associé aux qualités d'amour pur, de compassion, de sympathie, d'altruisme, de courage, etc. Les qualités qui sont maintenant introduites dans la conscience de l'humanité (« Dieu est Amour "). Des qualités dont l'humanité a désespérément besoin ! Et ce n'est que le chakra du cœur. Qu'en est-il des sept autres (encore ce nombre) champs énergétiques majeurs qui nous dynamisent, nous les humains ?

Mais arrêtez. Tout d'abord, il vaut mieux s'attarder plus en détail sur le corps énergétique (éthérique ou vital) dont on a déjà parlé. Le fait est que les centres énergétiques (ou chakras) n'existent pas dans la matière physique de notre corps, mais dans les corps énergétiques qui le pénètrent. Il convient de noter que la matière éthérée est en fait physique, mais si subtile que l'humanité n'a même pas d'instruments pour la détecter, à l'exception d'une partie du spectre électromagnétique (cela inclut certaines auras éthérées qui peuvent être capturées à l'aide d'une méthode photographique spéciale, et je crois, ce qu'on appelle "domaine morphogénétique").

Puisque ces centres énergétiques n'existent pas dans le corps physique, mais dans les corps éthériques (et supérieurs), il faut comprendre que leurs noms, qui font référence aux organes physiques (cœur, gorge, plexus solaire, etc.), ne sont que approximatifs indiquent leur emplacement et leur relation avec certaines fonctions corporelles.

La substance éthérée non seulement pénètre partout, mais relie également tout au Tout. À travers les champs éthérés, nous, les humains, sommes "connectés" à toute vie sur la planète, y compris la vie planétaire elle-même. Et la Vie Planétaire, à travers cette énergie, est connectée au système solaire et à la Vie Solaire. Nous en avons déjà parlé : grâce à ces connexions d'énergie subtile, nous faisons partie de Dieu. En comprenant cela, il est plus facile de percevoir l'univers comme un hologramme et de se rendre compte que tout est contenu dans Tout. En apprenant sur l'énergie éthérée ou vitale, sur son omniprésence et sur le fait que c'est la vraie vie sur le plan physique, nous commençons à mieux comprendre l'univers entier et nous réalisons que ce que nous ressentons physiquement n'est qu'une ombre de ce qui est réel. existe.

Nous pourrions parler davantage de cet aspect important de la réalité, mais nous devons revenir aux principaux centres énergétiques. Avant d'aborder les sept centres principaux (il existe encore des centres secondaires), il est important de souligner que dans le corps humain, le diaphragme sépare symboliquement les quatre centres énergétiques supérieurs, ou spirituels, des trois centres inférieurs, ou personnels. Il est très important de s'en souvenir, car au fur et à mesure que notre conscience grandit, nos énergies "inférieures" se transforment et se transmettent "suprême". En fait, nous construisons un pont, un "pont arc-en-ciel" (appelé l'antahkarana en sanskrit) entre notre personnalité et l'Âme, pour aider ce processus. Et maintenant, parlons plus en détail des sept principaux centres énergétiques. Listons-les de haut en bas :

Chakra De La Couronne

Le champ énergétique de la couronne ("couronnant" la tête et tout le corps) semble incarner la couronne de toutes les réalisations humaines sur le chemin spirituel. Par elle, ainsi que par le cœur, nous sommes directement connectés à l'Esprit Divin universel. Représentant des êtres éveillés, les artistes spirituellement sensibles dessinent souvent un halo autour de leur tête ou un halo au-dessus de leur tête. Parfois nous essayons inconsciemment de reproduire ce centre couronne sur le plan physique, de créer son substitut. C'est pourquoi, tout au long de l'histoire, les dirigeants de tous les pays du monde se sont "couronnés", croyant vainement (et vainement) que cela leur ajoutait sagesse et supériorité. En ce sens, ces tribus primitives sont plus sages, dans lesquelles le demandeur d'une coiffure spéciale, qui joue un rôle important dans les rituels,

Chakra Du Troisième Oeil

C'est l'œil tourné vers l'intérieur qui, à mesure que notre conscience évolue et que nous entrons en contact avecL'âme s'éveille et devient le soi-disant "centre Ajna". Toutes les connaissances, toutes les informations sont déjà "ici". Dans l'Enseignement, cela s'appelle un "nuage de choses connaissables". (Voir, par exemple, "Traite on White Magic", orig. p. 456., faisant référence à Patanjali - apparemment, "Yoga Sutras", 4:29). Et nous pouvons toucher de plus en plus cet immense réservoir de connaissances (et nous le faisons !) à mesure que nous devenons illuminés. A ce stade de l'évolution de la conscience, ce centre est encore assez peu développé chez la plupart des gens. Mais tout change lorsque nous nous familiarisons avec le processus de visualisation et que nous commençons à l'utiliser pour créer consciemment au niveau de la matière éthérée et mentale. En conséquence, le chakra du "troisième œil" commence à agir, et nous recevons de plus en plus d'inspiration.

L'humanité est encore peu consciente de l'énorme pouvoir de l'imagination inspirée (c'est-à-dire spiritualisée).En activant l'imagination supérieure (à ne pas confondre avec la simple rêverie), nous nous ouvrons à l'inspiration. Ensuite, nous devons saisir cette inspiration, la renforcer et la dynamiser grâce à la capacité développée de visualiser, et commencer le processus créatif de construction de formes-pensées à grand potentiel. Ainsi, nous commençons à créer dans une réalité supérieure, comme nous le faisions auparavant. par nos désirs charnels - dans la matière astrale. Et ce n'est que le début. Tous les brillants créateurs d'hier et d'aujourd'hui, quel que soit le domaine dans lequel ils appliquent leur force, ont quelque chose en commun : une imagination développée et spiritualisée.

Ce qui change ensuite, c'est qu'à mesure que notre

conscience grandit, la glande pinéale et la glande pituitaire commenceront progressivement à interagir, à la suite de quoi nos capacités intuitives latentes seront révélées. Combien l'humanité changerait-elle si nous utilisions la raison pure, ou« connaissance directe » (qui existe déjà sur les plans supérieurs) ! En tout temps, des êtres éclairés ont démontré cette capacité. Lorsque l'intuition des gens sera suffisamment développée, nous ne pourrons plus nous tromper, comme nous le faisons souvent maintenant, car nous verrons à travers les mensonges. Il est important de ne pas confondre intuition avec « psychisme inférieur ». Ce dernier est basé sur le centre du plexus solaire et se concentre principalement sur le plan astral. Pour une personne développée, Ajna ("troisième œil") devient "l'œil de l'âme", sa "fenêtre sur le monde".

Chakra De La Gorge

intéressant car c'est le centre énergétique de notre créativité supérieure. Ce centre spirituel travaille à un degré ou à un autre pour tous les talents de l'art : artistes, sculpteurs, architectes, musiciens, etc. Au fil du temps, ce centre, comme tous les autres chakras, s'ouvrira (ou obtiendra suffisamment d'énergie) pour nous tous, si nous faisons les efforts nécessaires pour élargir et développer notre conscience. Dans le même temps, l'énergie du chakra sacré, ou centre sexuel, qui est désormais utilisé pour la reproduction (et en fait, davantage pour le divertissement), va se transformer et remonter jusqu'au chakra de la gorge.

Même d'un point de vue physiologique, il existe certaines correspondances entre la gorge et les organes reproducteurs, plus précisément, entre les amygdales (amygdales) et les glandes sexuelles, ou gonades. Si vous pensez que cela semble ridicule, pensez à certaines maladies - les oreillons, par exemple - qui affectent à la fois les amygdales et les testicules ou les ovaires. La science ne peut pas entièrement expliquer le rôle des amygdales dans le corps (je suppose que c'est une question pour l'avenir). Les dommages aux canaux séminifères chez les hommes affectent directement les cordes vocales et la voix change.

Voici un autre exemple : j'ai entendu dire que certains handicapés mentauxles jeunes ont des capacités exceptionnelles dans certains domaines des arts. Mais à l'âge de la puberté, ils perdent leur don (il est remplacé par l'attirance sexuelle). Encore une fois, il y a un lien entre les formes de création sacrée et de la gorge !Fait intéressant, les animaux, contrairement aux humains, ne sont pas capables de baisers passionnés dans les relations sexuelles. (Sans parler des plaisirs du sexe oral.)

Chakra Du Coeur

Bien que nous ayons déjà dit quelque chose sur le centre du cœur, il est maintenant très important de réaliser que l'humanité a besoin de se développerqualités d'Amour-Sagesse dans ce système solaire actuel. La raison en est la suivante : nous vivons maintenant dans un système solaire de second rayon, et l'un de ses principaux objectifs est d'imprimer cette qualité divine sur l'humanité. C'est vrai, car tous les enseignements religieux du monde disent que notre « Dieu » est le Dieu d'Amour. Étant dans l'aura, ou champ énergétique, de ce grand Être, nous absorberons progressivement ces qualités spirituelles du Cœur Divin (malgré le fait que les gens sont très résistants à toutes les énergies nouvelles et inconnues). Quel temps merveilleux ce sera quand cela arrivera !

On peut imaginer comment nos vies changeraient si les genscommencent à se traiter comme ils aimeraient que les autres les traitent. Après tout, alors les comportements antisociaux et les guerres seraient tout simplement impensables.Le moment est peut-être venu de noter que parfois les nœuds énergétiques des chakras sont comparés à des pétales de lotus. Lorsque les "pétales" de l'Amour s'ouvriront dans notre centre du cœur, nous deviendrons des êtres vraiment aimants. Déjà maintenant, de nombreuses personnes ont leurs centres cardiaques ouverts, et bientôt leur nombre atteindra une masse critique. Il a vraiment été dit : « Les doux hériteront de la terre » (voir Ps. 36 :11, Matt. 5 :5).

Jusqu'à présent, nous avons parlé des quatre principaux centres énergétiques,situés au-dessus du diaphragme, appelés centres spirituels. Passons maintenant à trois centres importants, qui sont situés ci-dessous. diaphragme et associé à la personnalité.

Chakra Du Plexus Solaire

Dans le corps physique, le plexus solaire est comme le "cerveau" des viscères. Le chakra qui lui est associé régit notre vie affective et nos désirs (mais pas les hautes aspirations). C'est ici que les personnes les moins développées spirituellement sont polarisées - et ces personnes sont toujours majoritaires parmi nous. L'énergie de ce centre se transforme progressivement et monte jusqu'au centre du cœur.Si quelqu'un "avale" ses émotions au lieu de les comprendre avec sagesse et amour, cela provoque souvent des problèmes d'estomac ou de digestion, comme un ulcère. Quand quelqu'un nous submerge émotionnellement, nous disons que nous « ne pouvons pas digérer » de telles personnes. On dit de quelque chose d'amusant : « l'estomac peut se déchirer » : le rire est aussi une réaction du centre du plexus solaire.

Le Chakra Sacré.

Nous l'avons déjà mentionné lorsque nous avons parlé du chakra de la gorge. C'est le centre sexuel (reproductif), qui est associé à l'estime de soi et aux instincts contrôlés.

Chakra Racine :

ce centre, situé à la base de la colonne vertébrale, est associé au métabolisme, à de nombreuses fonctions de l'organisme - digestion, circulation sanguine, excrétion, etc., - dedont dépend notre santé physique. L'excrétion des déchets bruts (solides ou liquides) par les organes correspondants peut être comparée à la façon dont la matière brute est forcée vers le bas sur tous les plans (et les bonnes énergies montent). Le discours de nombreuses personnes qui se concentrent le plus sur leurs deux chakras inférieurs est rempli de références inconscientes à ces centres. Les mots "obscènes" se réfèrent presque exclusivement aux organes physiques correspondant aux chakras inférieurs. Les jurons les plus offensants sont liés aux organes génitaux ou excréteurs. Il est intéressant de noter que ce sont ceux qui sont les plus "centrés" dans leurs centres inférieurs qui les traitent avec le plus grand mépris.

Il convient de noter qu'il existe deux chakras (ou double chakra) associés à la rate et qu'elle est également considérée comme un centre énergétique important. (Nous parlerons de la rate plus tard.)Il existe une certaine connexion entre les chakras et les plans de conscience : le chakra du cœur correspond au niveau de l'Amour-Sagesse (bouddhique) ; le coronal est en corrélation avec le plan Divin le plus élevé ; le chakra du « troisième œil » — avec le plan causal (le plan de l'Âme) ; le plexus solaire et les chakras sacrés, respectivement, avec le mental inférieur et l'astral. Bien que tous les rayons affectent tous les chakras dans une certaine mesure, certains chakras résonnent davantage avec certains rayons à un stade particulier de l'évolution.

Et en parlant de chakras, le royaume humain est le seul royaume physique qui marche et se tient debout (certaines espèces d'oiseaux, qui sont plus orientées vers le royaume des dévas, ne comptent pas). La raison en est que nos centres supérieurs doivent être placés verticalement. Ce n'est que lorsque chaque personne a reçu sa propre âme (ce qui a été le début du royaume humain). Dans le règne animal, les centres énergétiques correspondants sont situés horizontalement, car les animaux étudient principalement"mouvement horizontal". Par conséquent, ils ne peuvent pas élever leur conscience plus haut. Notre « mobilité » est dirigée vers le haut, vers la conscience supérieure.

C'est pourquoi on nous apprend à méditer assis bien droit : cette posture nous aligne symboliquement (en particulier, notre colonne vertébrale et nos principaux centres d'énergie) avec notre moi supérieur. Les énergies supérieures sont également situées à la base de la colonne vertébrale. Cette énergie potentielle est appelée kundalini et on en parle beaucoup dans les enseignements spirituels. Si nous vivons correctement, dans l'Amour et la Sagesse, cette force s'élève naturellement et active nos centres d'énergie spirituelle dans la bonne séquence et la bonne combinaison. Si ce processus est coordonné avec la bonne expansion de la conscience, il n'y a pas lieu de s'inquiéter. Mais il est important de savoir qu'on ne peut pas plaisanter avec la kundalini : c'est une force puissante, et si elle est mal libérée, les conséquences peuvent être les plus tristes - jusqu'à la combustion humaine spontanée !

En plus de la colonne vertébrale (et des chakras) située verticalement et desÂmes, chaque personne a une troisième caractéristique unique - c'est le larynx, grâce auquel il peut parler. Le larynx nous permet d'exprimer nos pensées, de communiquer et de créer en grand. Comme nous l'avons déjà mentionné, le son a un pouvoir créateur (et destructeur) beaucoup plus grand qu'on ne le croit aujourd'hui. Mais encore une fois, je veux vous rappeler le bien (ou le mal) que nous nous infligeons, étant sous l'influence d'un son harmonieux (ou, en conséquence, disharmonieux). Le bruit grossier nous est nocif, la vraie musique est bonne, qu'elle soit une création humaine ou les sons naturels de la nature.

Dans le passé, les gens en savaient beaucoup plus sur la puissance de cette énergie, et l'utilisation de l'énergie sonore leur a permis d'ériger d'énormes structures de pierre (dont beaucoup ont survécu jusqu'à ce jour), qui, même avec nos capacités techniques actuelles, étonnent nous. Nous avons encore beaucoup à apprendre sur les civilisations anciennes, puis nos idées sur leurs capacités insignifiantes s'évanouiront comme de la fumée. Mais, comme d'habitude, les gens ont abusé de ces connaissances, et les connaissances ont pu être progressivement oubliées.Nous pensons que le son est du bruit. Mais nous devons nous rappeler qu'il existe des ondes sonores qu'une personne ne peut pas entendre. Les forces et les capacités de ce secteur du spectre énergétique sont déjà utilisées, par exemple, en médecine.

Le son est quelque chose d'opposé à la lumière (ou, peut-être, sa réflexion inférieure). Le son voyage bien à travers la matière dense et ne peut pas voyager dans le vide, tandis que la lumière voyage mieux dans l'espace "vide" et ne voyage pas à travers la plupart des matériaux solides. Le fait que certaines personnes soient parfois capables de voir des sons ou d'entendre des couleurs confirme l'existence d'une certaine correspondance entre ces deux types d'énergie.Âme individuelle, arrangement vertical des chakras et du larynx (un outil de la parole) - c'est ce qui a aidé une personne à dépasser le règne animal et, à la fin, à atteindre le niveau de la civilisation et de la culture (et pas du tout le pouce tendu et autres prétendus avantages physiques dont parlent les scientifiques).

Maintenant, les gens deviennent plus éclairés, et bientôt nous en apprendrons encore plus sur les chakras, ou centres d'énergie. Même maintenant, quand quelqu'un ou quelque chose nous fait éprouver des sentiments forts, la localisation et la nature des sensations dans le corps - dans la poitrine, dans l'estomac, dans l'aine - à propos de beaucoup de choses.parler à une personne compréhensive. Ce sont les réactions de nos chakras. Soyez conscient d'eux. Et, puisque nous vivons dans un univers énergétique, nous devrions penser en termes de spirale ascendante et déroulante de la vie et de loi de correspondance. Cela signifie que la croissance physique et spirituelle des personnes, ainsi que des représentants d'autres royaumes, ainsi que des êtres supérieurs, dépend des centres énergétiques. En comprenant cela, nous commençons à réaliser pourquoi et comment nous faisons partie de Dieu, ou de l'univers pensant.

Le règne humain n'est pas seulement en train de devenir le système nerveux physique de toute notre planète. Il développe la chose et en fait le centre énergétique ("gorge") de la Vie planétaire. Et les planètes (plus précisément, leurs plus hautes "corps") sont les centres énergétiques de la Vie solaire. (La plupart des planètes ne sont pas "mortes". Au contraire, sur beaucoup d'entre elles, la Vie existe à un niveau beaucoup plus élevé que le nôtre.) Les systèmes solaires sont les centres énergétiques des constellations en tant qu'Êtres Vivants - et ainsi de suite, jusqu'au Cosmos tout entier. (visible et invisible), qui est aussi un Etre, appelé dans les religions « Dieu ». Il s'avère donc que nous sommes réellement créés "à l'image et à la ressemblance" de Dieu.
Parlons du corps énergétique l'homme et ses centres, il convient de noter qu'ils sont connus depuis longtemps de nombreuses cultures du monde, et qu'ils sont non seulement reconnus, mais travaillent également avec eux. C'est pourquoi la médecine orientale, qui s'occupe du corps énergétique, de ses chakras, méridiens et points énergétiques particuliers, guérit des maladies incompréhensibles pour les médecins occidentaux (la pensée est limitée aux niveaux inférieurs du plan

physique).

Ayant acquis une certaine compréhension de nos corps énergétiques, nous pouvons déjà expliquer pourquoi les gens continuent parfois à se sentirparties amputées du corps : parce que la partie correspondante du corps vital est encore « en place ». Autre exemple : lorsque la circulation sanguine dans une partie du corps est interrompue puis rétablie, nous ressentons des sensations douloureuses de picotements - cela ramène notre corps éthérique à son état normal. Nous tremblons dans le sommeil lorsque le contact avec notre corps vital est soudainement complètement coupé. Ce que nous appelons "choc" ou "évanouissement" se produit lorsque le corps éthérique se sépare du corps physique. Il s'agit d'une mesure de protection afin que les personnes (et les animaux aussi) ne soient pas excessivement blessées lorsqu'elles sont menacées de mort ou en cas de douleur intense. Perdre connaissance ou s'évanouir, nous pouvons mourir (ou peut-être pas), mais pour nous, ce ne sera pas si douloureux.

À l'avenir, lorsque l'humanité deviendra plus sage et acquerra plus de connaissancessur le plan éthérique et le corps vital, ce qui semble maintenant impossible,deviendra habituel. Il sera possible de restaurer (régénérer) les parties endommagées du corps et des organes. Mais soyons réalistes : il y a de bonnes raisons pour lesquelles nous nous moquons (physiquement) tôt ou tard de « nous épuiser » et de « mourir ». Au fur et à mesure que nous comprendrons mieux la nature des champs d'énergie éthérique, nous pourrons comprendre comment ils fonctionnent dans d'autres domaines. Nous pourrons expliquer pourquoi les animaux qui perçoivent mieux les champs d'énergie peuvent anticiper les tremblements de terre, migrer sur de longues distances sans aucun entraînement préalable, retrouver le chemin du retour sans erreur et sentir les "esprits" (qui sont des champs d'énergie). La vie du règne végétal est également étroitement liée au flux et reflux des énergies éthériques, c'est pourquoi il est si important de planter les plantes au bon moment.

Mais revenons aux informations sur le corps énergétique vital (ou éthéré) d'une personne. Comme nos autres corps - émotionnel, mental et spirituel - il est également situé sur des "niveaux", ou "sous-plans", dont il y en a sept au total. Sur le plan de l'énergie éthérique, les trois sous-plans inférieurs (solide, liquide et gazeux) constituent ce que nous appelons la "matière". En d'autres termes, tout ce que nous percevons comme notre monde physique. Les deux sous-plans suivants, situés au-dessus, sont reliés à l'énergie vitale qui nourrit les corps organiques de tous les êtres vivants. Et, enfin, deux corps supérieurs forment une sphère qui est reliée à l'énergie "d'en haut" (sources planétaires et solaires) et attire cette énergie "vers le bas". Beaucoup pensent que ce qu'on appelle la "gamme électromagnétique" est un sous-plan (ou des sous-plans) du plan éthérique.

Au début de sa descente, la lumière du Soleil pénètre à travers les niveaux éthériques (supérieurs) sous forme d'onde, descendant dans les niveaux plus grossiers, elle devient des particules subatomiques, puis des atomes, puis, lorsque les atomes se combinent en molécules, ce qui est considéré être la matière se forme. Sur leA chaque étape, la lumière devient "plus lourde" et perd sa liberté. Ensuite, la molécule inerte commence son ascension à travers les royaumes de la nature (cellules, organes, plantes, animaux, personnes, etc.), regagnant de plus en plus sa liberté, et redevient finalement un être libre de Lumière. Du soleil à l'âme ! La "matière" ou l'énergie la plus subtile de chacun de nos "corps" énergétiques s'élève jusqu'à son sous-plan supérieur, où son essence est abstraite dans une "mémoire" permanente, ou enregistrement de ces corps énergétiques, dans le soi-disant « Atome permanent ». Les Atomes Permanents de tous nos corps sont situés sur les sous-plans supérieurs et restent avec nous pendant de nombreuses vies. Ce sont les "graines" ou correspondances supérieures de nos gènes, et des "corps" sont construits sur leur base à chaque nouvelle incarnation.

De nombreuses personnes dans le monde soi-disant (et inutilement) développé sont en mauvaise santé et souffrent de maladies parce que nous ne réalisons pas à quel point il est important d'être conscient de ces énergies et de comprendre comment elles nous affectent. Non seulement l'air frais, l'exposition au soleil, l'exercice, une bonne nutrition (en particulier les fruits, les légumes, les céréales, les noix, etc.) ont un effet bénéfique sur notre corps énergétique. Puisque tous nos corps sont en fait énergétiques, nos pensées, nos sentiments et nos actions ont également un impact. Et les champs d'énergie plus vastes dans lesquels nous vivons - physiques, mentaux et émotionnels - nous affectent également, en bien ou en mal.Les gens ont souvent remarqué que la santé et la beauté intérieures contribuent à *externe*santé et beauté. L'inverse est bien sûr tout aussi vrai.

L'énergie vitale (également appelée «prana») pénètre dans le corps humain dans une large mesure par la rate et le champ énergétique qui lui est associé. Au fur et à mesure que nous grandissons spirituellement (notre conscience grandit), tous nos corps énergétiques nous connecteront à leurs sous-plans ou royaumes supérieurs respectifs, et notre véritable pouvoir augmentera proportionnellement. Bien sûr, ceci n'est qu'une image générale et très simplifiée. Ce qui est particulièrement important : notre corps a besoin d'être nettoyé périodiquement, et nous devrions accueillir ces nettoyages, les prendre pour acquis et ne pas essayer de supprimer l'inconfort physique. Écoutez votre corps et agissez avec lui. Ne le combattez pas - cela ne fera qu'aggraver le problème. Le temps viendra où le présent apparaîtra dans notre société. "santé", et alors nous commencerons à retrouver l'intégrité.

Le rituel peut également jouer un rôle important dans la santé de notre corps vital. C'est pourquoi les Êtres supérieurs ont imprimé des prières, des hymnes et d'autres cérémonies dans notre conscience religieuse. Par conséquent, en Occident maintenantde plus en plus engagés dans la méditation, la récitation de mantras et la pratique du yoga. Si cela est fait correctement, cela profite à nos organes supérieurs. Lorsque notre corps physique est blessé, l'empreinte reste dans le corps éthérique qui le pénètre. Par conséquent, les cicatrices, les rides, etc. subsistent, bien que les cellules de notre corps se renouvellent constamment. Les taches de naissance (et même certaines «malformations congénitales») sont souvent associées à de graves dommages physiques subis dans une vie antérieure. Ils sont imprimés sur notre corps vital et portés par notre atome éthérique permanent, qui reste avec nous pendant de nombreuses incarnations sur Terre (bien que les "défauts" soient généralement "guéris" en une ou plusieurs vies).

Tous les plans - astral, mental et spirituel - contiennent un enregistrement permanent de la Vie et de tous les événements. Notre "Ange Solaire" et d'autres Êtres Supérieurs ont accès à ces "chroniques".En parlant de cicatrices et de rides, si nous acceptons que les empreintes digitales soient uniques et que les scientifiques pensent qu'elles peuvent déterminer une prédisposition à certaines maladies, alors pourquoi beaucoup nient-ils que les lignes de palmier, avec lesquelles nous sommes nés et qui sont également uniques, peuvent tout faire ? alors veux dire? Pensez-y : pourquoi un nouveau-né aurait-il des rides sur les mains ? Les lignes de palmier peuvent nous dire quelque chose sur nous-mêmes. Il y a des raisons à tout.

Alors que nous nous ouvrons à la Lumière, nous commençons à comprendre que tout fait partie de l'énergie interconnectée de la plus grande Vie. Les lignes de la main, la forme de la tête et bien plus dans notre apparence, comme le thème astrologique natal,peut dire beaucoup à une personne compréhensive. En examinant ce qui se cache derrière ces schémas énergétiques, nous constatons que de nombreux indices variés sont à notre disposition pour nous aider à comprendre le sens de la vie. Si vous voulez en savoir plus sur les correspondances de couleurs, la gamme de sous-plans éthérés va du lilas pâle au violet foncé (presque à l'ultraviolet). Fait intéressant, la violette est associée au septième rayon de l'organisation et du rituel (rythme). Ce Rayon d'énergie commence maintenant à avoir un impact sur l'humanité, et la résonance entre les énergies du

Septième Rayon et les énergies éthériques ouvrira de nouvelles possibilités pour améliorer la vitalité de notre corps éthérique.

Au cours des cent dernières années, l'exposition au septième rayon a fait de nombreuses découvertes en rapport avec l'électricité. Mais ce n'est pas comparable à ce qu'il en est (et assez prochainement) d'apprendre sur ce que l'on appelle l'électricité et les énergies électromagnétiques. En fin de compte, tout est composé d'aspects de cette énergie (l'électricité). En parlant de nos corps énergétiques, un phénomène doit être abordé, a propos deargumenter et qui est parfois mal compris : on parle de racialcorps. Comme déjà mentionné, à mesure que la conscience se développe, le "véhicule" physique d'une personne ou le conteneur qui contient la conscience, s'améliore également ; élevant et élargissant notre conscience, nous construisons et améliorons constamment nos "guides". Quant à nos véhicules (corps) "supérieurs", nous les construisons à partir d'une "substance" supérieure - à partir de désirs, à partir d'une substance mentale ou spirituelle. Rappelez-vous que ces corps, comme les royaumes qu'ils habitent, sont encore plus réels et plus durables que les corps physiques.
Mais parlons maintenant du physique.

Imaginons d'abord à nouveau l'ensemble du tableau : en fait, nous sommes l'Esprit qui est descendu et en partie « enfermé » dans un corps d'énergie plus grossière, c'est-à-dire, comme on l'appelle communément, la matière. Il est plus correct de dire que le point de conscience supérieure (ou spirituelle) est enfermé dans le corps de conscience inférieure (matérielle). Répétons ce qui a été dit dans la section précédente : notre Esprit est apparu comme une « étincelle de Dieu », ou notre plus hauteEssence monadique ou Vie. Ce rayon de divinité est descendu, pénétrant dans une substance de plus en plus dense (et dans les sphères correspondantes), jusqu'à ce qu'il atteigne la substance la plus dense - la matière. À son tour, pendant des milliards d'années, cette partie de la matière s'est étirée vers le haut et, après avoir traversé les règnes des minéraux, des plantes et des animaux, s'est finalement connectée au représentant de l'Esprit, c'est-à-dire à ce que nous appelons "l'Âme".

Et ainsi l'homme est né !

Malgré toute son importance, ce n'est qu'une étape dans un processus sans fin. Il est important de comprendre que la race, la nationalité, le sexe et la vie en nous"l'étincelle de la divinité" est essentiellement des choses différentes : l'une est mortelle, transitoire, et l'autre est éternelle. Dans certaines traditions, ils sont représentés par un démon (être terrestre) et un ange (un être céleste) assis sur nos épaules. L'interaction de notre Esprit supérieur avec la "matière" inférieure des conducteurs de notre personnalité donne naissance au troisième - un sentiment de soi, une conscience, l'idée de "Je Suis". Nous en faisons tous l'expérience et l'exprimons. Revenons aux races : on sait que la science les a définies principalement par des paramètres physiques. La science spirituelle, comme toujours, creuse beaucoup plus profondément. Nous vivons dans la cinquième des sept (encore ce nombre) races racines de cette vague de vie humaine, et chaque race racine est composée de (devinez combien) de sous-races.

Les deux premières races racines ne sont pas descendues complètement au niveau de la matière, et n'ont donc laissé aucune trace physique. La Troisième Race Racine fut la première race à exister dans des corps physiques et à être enseignée sur le plan physique. Le chakra racine était le principal à cette époque. Mais même alors, avec les premiers aperçus de la Lumière, le germe d'un être pensant individualisé est apparu, et l'humanité a commencé ! Jes gens de la quatrième race étaient plus polarisés dans le corps astral, ou corps de désir, ils ont progressivement développé la capacité de penser émotionnellement et avec elle la capacité d'exprimer leurs pensées par la parole. A cette époque, les chakras sacré et du plexus solaire se sont développés. On peut dire qu'ils se sont trop développés, car les gens tombaient parfois dans des excès sexuels et d'autres vices qui dépassaient même courant. En raison de ces tendances dégénérées, la plupart de nos ancêtres de la quatrième race racine ont finalement été détruits ensérie de cataclysmes. Ceci est raconté dans les mythes et les écritures de toutes les cultures du monde, bien qu'ils aient été simplifiés pour les gens des temps passés. Il existe également de nombreuses preuves physiques d'une inondation mondiale, bien que nombre d'entre elles restent à découvrir à l'avenir.

La principale réalisation de la cinquième race racine (actuelle) est le développement ultérieur de l'esprit concret. Encore une fois, un développement quelque peu redondant, avec un accent sur la technologie, la science et la pensée logique. Bien que cette phase soit importante et nécessaire dans l'évolution de la conscience humaine, ce n'est qu'une étape sur l'échelle sans fin de la hiérarchie cosmique de l'illumination, et même l'une des premières étapes, mais, bien sûr, pas la principale ni la dernière , comme certains le pensent. Mais même ceux qui sont concentrés sur un esprit particulier passeront à des niveaux supérieurs lorsque cette étape aura fait le travail nécessaire.

Nous avons un destin bien plus glorieux digne des aspirations les plus ardentes. Ce que la science ésotérique appelle les "sous-races" des races racines (et les "branches" des sous-races) sont, dans certains cas, des "races" anthropologiques. Pour éviter les malentendus qui ont déjà causé de grandes souffrances dans le monde, il est important de souligner les points suivants : Premièrement, lorsque la science naturelle parle de races, on entend généralement le corps physique, et non l'Âme, comme cela a déjà été dit. .

Deuxièmement, toutes les races descendent génétiquement des races précédentes (avec une aide d'en haut, dont nous parlerons bientôt). Par conséquent, il n'y a pas de races absolument nouvelles ou pures. Par conséquent, il n'y a aucune raison physique ou spirituelle pour laquelle des personnes de races différentes ne peuvent pas se marier et avoir des enfants. Mais il existe de nombreuses raisons différentes pour lesquelles les gens peuvent faire cela, et l'une des plus importantes est de fournir du matériel génétique pour de nouvelles races.

Troisièmement, il n'y a pas de « mauvaises » ou de « bonnes » races. De temps en temps, de nouveaux corps raciaux apparaissent qui fournissent à l'Âme plusdes véhicules appropriés et raffinés pour apprendre les prochaines leçons qui nous sont destinées, et les anciennes "formes" plus grossières meurent. Il existe de nombreux exemples en anthropologie. De plus, de nouveaux corps raciaux sont créés en tenant compte du changement climatique de la Terre. Puisque tout ce qui compose la Vie planétaire s'améliore constamment, et que la planète « accélère », c'est-à-dire élève sa vibration (sa conscience), ce ne sont pas seulement les corps physiques des hommes qui changent, cela se produit inévitablement dans tous les règnes de la nature.

Nous savons que dans un passé lointain, les corps des animaux étaient beaucoup plus grossiers,et avec l'avènement d'autres véhicules plus adaptés, les anciennes carrosseries ont peu à peu disparu. Les scientifiques tentent de trouver la raison de l'extinction des dinosaures. En fait, les dinosaures ont été "tués" par le fait que leurs corps se sont arrêtésrencontrer de nouvelles opportunités d'amélioration. Leur vague de vie est passée dans de nouveaux corps, plus petits mais plus efficaces. La même chose est arrivée à de nombreuses autres espèces animales (et finira par arriver aussi aux humains).

Quatrièmement, toute personne raisonnable devrait comprendre que chaque race a quelque chose à apprendre des autres races. Il est temps de parler de racisme. Fondamentalement, il naît d'une faible estime de soi, qui se traduit par un désir de trouver quelqu'un à mépriser. On sait que les personnes bien adaptées ayant une bonne estime de soi ne se trouvent pas parmi les partisans des extrémistes et ne souffrent pas de paranoïa. La vie est un miroir : ceux qui calomnient les autres exposent leurs propres faiblesses. Les faiblesses que nous ne voulons pas remarquer en nous-mêmes, nous les projetons sur les autres - que ce soit la paresse, le vol, la tromperie, la promiscuité sexuelle ou d'autres "péchés".

Et maintenant nous arrivons au moment présent. Et les courses à venir ? Pour répondre à cette question, il faut s'écarter un peu du sujet et rappeler le royaume que j'ai déjà évoqué et qui s'appelle le "royaume des dévas" ou des anges. Ce domaine vaste et omniprésent est associé à de nombreux malentendus entre les gens. Je vais essayer de donner ma propre interprétation extrêmement limitée (et probablement quelque peu erronée) de cette importante ligne d'évolution. Ce royaume, qui n'est généralement pas perçu par les cinq sens d'une personne (parce que ses représentants habitent dans des royaumes plus subtils), a été évoqué par de nombreux mystiques, médiums et enseignants spirituels à travers l'histoire, et ses habitants sont mentionnés dans les écritures religieuses autour le monde. Les mythes et légendes parlent de certains de ces êtres, les moins évolués et les plus variés, les esprits de la nature ou élémentaux. Les êtres plus développés sont souvent appelés des anges.

Au niveau actuel de l'évolution humaine, le royaume des dévas et le royaume humain sont considérés comme des mondes parallèles dans un certain sens, bien que dans le processus d'évolution, les dévas doivent également passer par le stade du royaume humain afin d'atteindre des niveaux spirituels plus élevés. Par conséquent, notre conscience et la leur ne sont pas entièrement compatibles tant que nous n'avançons pas dans les royaumes spirituels supérieurs. Cependant, dans les deux domaines, il y a des aspects qui sont profondément liés.

Étant donné que les courants de vie évolutifs des dévas et des humains suivent un cours parallèle, ils ont, dans une certaine mesure, les mêmes niveaux de réalisation : ce que nous appelons physique, astral, mental et spirituel. Les êtres Devic constituent à la fois la matière de ces plans et sont leurs constructeurs. En d'autres termes, ils construisent à partir de leur propre substance. C'est plus facile à comprendre si vous les considérez comme de l'énergie. qui ils sont, pas qu'en est-il des formes qu'ils créent.Les dévas inférieurs ou involutifs qui habitent les plans correspondant à notre physique et à notre astral (et même inférieurs) sont souvent, comme déjà mentionné, regroupés sous le groupe "élémentaire". L'imagination nous dessine immédiatement des sorcières aux chapeaux pointus avec des chats noirs et des chaudrons bouillants, mais bien que les gens tentent parfois (à grands risques) d'influencer ces entités par des motifs pervers ou égoïstes, les élémentaux n'ont pas un tel libre arbitre que les gens. Mais ils sont heureux de travailler, obéissant à leurs propres hauts mentors et mentors spirituels de notre évolution planétaire. (Rappelez-vous: "Maître des anges et des gens"?)

Le règne des dévas est particulièrement actif dans le règne végétal. Les esprits de la nature, dont on parle tant, ne sont pas le fruit de l'imagination de quelqu'un. Ils sont responsables du progrès et de la croissance dans ce domaine (et l'incarnent).Chaque élément - feu, eau, vent, etc. - a son propre esprit. Ces élémentaux n'ont pas d'intelligence à notre sens, mais ils peuvent être assez joueurs. Cela vous est-il déjà arrivé : vous êtes assis près du feu et la fumée vous atteint, quelle que soit la direction du vent ? Vous changez de siège - il vous suivra ... Les enseignements ésotériques disent que les insectes et les oiseaux sont étroitement associés à ce royaume et, dans certains cas, agissent comme intermédiaires entre les deux courants évolutifs - les dévas et les gens. (Il est curieux que de nombreux "signes" soient associés à des oiseaux. Rappelez-vous également le Saint-Esprit sous la forme d'une colombe.)

Qu'est-ce que tout cela a à voir avec le corps racial de l'homme ? Comme je l'ai déjà dit, de nouvelles races sont périodiquement introduites afin de fournir des véhicules plus parfaits pour notre conscience croissante. Certains des phénomènes inhabituels qui se produisent actuellement peuvent avoir une incidence directe sur cela.

OVNI Et Devas

Nous avons tous entendu à maintes reprises parler de phénomènes inhabituels qui se produisent presque quotidiennement. Bien qu'ils soient souvent attestés et documentés en détail, la plupart des gens n'ont aucun moyen de les croire. Je veux dire le phénomène OVNI bien connu. Parmi ceux qui ne sont pas opposés à au moins se familiariser avec les preuves, la plupart sont convaincus que ce sont les ruses d'êtres d'autres planètes, qui sont très loin de nous. Il est intéressant de noter que cette catégorie de personnes peut être grossièrement divisée en deux groupes : certains pensent que les extraterrestres ont de bonnes intentions et veulent sauverl'humanité de l'ignorance et de l'autodestruction, tandis que d'autres voient des motifs plus sinistres et égoïstes dans leurs visites. Nous projetons à nouveau notre propre nature et nos propres peurs sur les autres. Mais je voudrais faire une suggestion différente. A savoir, ces phénomènes "travail manuel" des dévas. Maintenant, le royaume des dévas, ou anges, aide à développer de nouveaux corps raciaux pour l'humanité (comme cela a aidé tout au long de notre histoire). De plus, ils ont d'autres missions liées à l'évolution.

Pour commencer, comme la science orthodoxe l'a établi, des changements et des améliorations mineurs se produisent sous l'influence demutations génétiques "naturelles". La capacité d'améliorer progressivement le corps physique et les autres corps à mesure que la conscience grandissait était dès le début "programmée" dans n'importe quelle vie. Mais n'est-il pas possible d'admettre que pour des changements essentiels, que les guides divins de la race humaine reconnaissent périodiquement comme nécessaires, l'aide des "étrangers" est requise ? Dans certaines traditions religieuses, les habitants de ce royaume parallèle au nôtre sont appelés "anges". Mais, en fin de compte, ce royaume comprend à la fois les bâtisseurs et la substance même de nos enveloppes physiques. N'est-il pas logique qu'il participe également aux changements génétiques (de programme) ?

La science orthodoxe a du mal à expliquer la croissance rapide de la civilisation et de la culture dans l'ère géologique actuelle. Ses théories ne peuvent pas justifier les sauts évolutifs dans le développement de l'humanité, et il faut recourir à d'hypothétiques "liens perdus". Des modèles humains "nouveaux et améliorés" apparaissent toujours "soudainement", de manière relativement inattendue. Et il en va ainsi non seulement des races humaines, mais aussi des règnes végétal et animal : « soudainement » de nouvelles espèces apparaissent, et les anciennes disparaissent constamment.En période de grands changements (comme maintenant), lorsque les nouvelles énergies zodiacales coïncident avec les nouvelles combinaisons d'énergies des Rayons Cosmiques (qui influencent tous deux grandement la vie planétaire), c'est précisément pour s'attendre à l'émergence de nouvelles formes de vie. Et si oui, alors pourquoi ne pas supposer que les fameux phénomènes de "crop circles" dans le règne végétal, "mutilations de bétail" (et en fait, intervention chirurgicale incompréhensible pour nous) dans le règne animal et "expériences génétiques sur des ovnis captifs" dans le règne humain - ne sont-ils que des manifestations individuelles des nombreuses transformations physiques qui accompagnent les changements psychologiques et spirituels actuels ?

Il a déjà été dit que les cinq sens de l'homme ne peuvent généralement pas percevoir le royaume des dévas. Mais l'inverse n'est pas vrai : en général, les dévas nous connaissent. Et certains d'entre eux, dans certaines circonstances, peuvent même ralentir leurs vibrations et passer dans notre dimension. Ils peuvent également augmenter nos vibrations afin que nous puissions surmonter nos limitations physiques. De cette façon, nous pouvons interagir dans une sorte de "zone frontière" éthérée.

Il est intéressant de noter que les participants aux "expériences génétiques" associées aux ovnis, bien qu'ils n'en aient pas envie, se retrouvent dans des états de conscience altérés : leur conscience passe à travers les murs, etc. (Dans une autre dimension, c'est, dans en fait, un état normal.) Voici un autre détail curieux : ils disent que la structure de leur corps et surtout les yeux des "extraterrestres" ressemblent à des insectes. De telles formes extérieures sont plus faciles à prendre pour les dévas que les formes plus complexes - disons, humaines - parce que les insectes et les oiseaux ont un lien plus étroit avec le royaume des dévas. Parlons maintenant des raisons pour lesquelles ces "contacts" avec des ovnis sont perçus comme de la violence.

Imaginez-vous à la place d'une personne qui a dû endurer une telle expérience traumatisante (surtout si une personne ne comprend pas le contexte évolutif de cela). Et quand vous essayez de parler de vos expériences, ils vous disent que soit vous avez été induit en erreur, soit vous avez tout inventé vous-même, soit - s'ils le croient - vous avez été victime de terribles créatures d'une autre planète. Naturellement, vous

vous souviendrez de votre expérience avec une double horreur et dégoût.Mais regardons tout cela d'un point de vue différent : si nous, les humains, sommes en quelque sorte des "cellules" du corps physique de Dieu, et que nos corps physiques changent (puisque nous nous sommes incarnés dans des milliers de corps pendant des milliards d'années), ce qui correspond au changement de cellules dans le corps de Dieu, alors peut-être ne devrions-nous pas être aussi complètement identifiés à notre corps ? Au lieu de cela, nous devrions comprendre qu'ils sont comme des vêtements que nous mettons le matin et que nous enlevons le soir, et que nos corps ne nous appartiennent même pas : ils nous sont donnés pour un usage temporaire. Et si oui, ne voulons-nous pas que les corps soient constamment améliorés ? Ce processus peut nous fournir et nous fournira des coquilles meilleures et plus appropriées à mesure que notre conscience grandira. Après tout, nous avons un but plus élevé que simplement exister.

Si nous croyons les nombreuses histoires "d'enlèvement par des extraterrestres" (écartant les fabrications évidentes) sur les expériences menées sur eux et regardons tout cela dans le contexte ci-dessus, ne verrons-nous pas plus de bon sens dans ces événements ?Et, surtout, n'auront-elles pas plus de bon sens que les théories existantes ? En d'autres termes : comment réaliser autrement des avancées évolutives à grande échelle ? Bien que la plupart des gens aient une idée des anges et des dévas à partir des enseignements religieux traditionnels, nous devons nous rappeler que ces concepts nous sont principalement expliqués dans l'enfance ; en conséquence, ces informations sont principalement conçues pour la perception de l'esprit immature d'un enfant, et beaucoup plus sont ajoutées "pour le mot rouge". Par conséquent, il est important de souligner que d'autres royaumes n'existent pas du tout afin de satisfaire nos fantasmes et nos désirs. Ils ont, comme nous, leurs devoirs et leur place dans le schéma général de l'évolution (leur propre dharma, comme on dit en Inde). Ils n'ont pas l'intention de nous faire du mal. Dans un large panorama, ils sont d'une grande aide pour l'humanité.

Mais il y a des créatures humaines et non humaines qui, par ignorance ou par méchanceté, tentent d'interférer avec leur travail au profit de l'évolution. Il s'ensuit qu'en apprenant davantage sur le royaume des dévas et son rôle dans le Plan Divin, nous devons comprendre que les événements dans lesquels ils sont impliqués ne sont pas toujours simples et peuvent être risqués. Par conséquent, nous devons veiller à ne pas interférer intentionnellement avec le travail des dévas en aucun cas et à ne pas essayer de les utiliser à des fins égoïstes. Tenter de manipuler des êtres du royaume des dévas est ce qu'on appelle de la magie noire - une occupation extrêmement dangereuse ! Mais il y a des gens qui peuvent communiquer avec les esprits de la nature avec soin et respect, et, poussés par l'amour et non par l'égoïsme, ils peuvent recevoir des instructions des énergies déviques du règne végétal et coopérer dans une certaine mesure avec eux.

Lorsqu'un nouvel univers apparaît - après une longue "nuit" de repos - il commence par une manifestation sonore de la matière (ou Esprit inférieur), suivie par la "Lumière" (ou Esprit supérieur), progressivement plus profonde et pénétrant plus profondément dans la matière. Il en résulte que la conscience est créée à tous les niveaux (dans une sphère ou un domaine) ; il descend et commence ainsi le processus de la Vie. Le Tout commence alors le long voyage du retour à la perfection (ou la "Maison du Père" ; voir Jean 14:2). D'innombrables univers - avec d'innombrables galaxies - avec d'innombrables systèmes solaires qui unissent d'innombrables vies de plus en plus complexes, et tout cela se déplace à jamais le long de la spirale ascendante du sommet brillant de la Vie ! Et tout ce temps nousvivant sur une petite planète, les Enseignants Divins enseignent les mystères de l'énergie à tous les niveaux et comment l'utiliser correctement dans ce théâtre de l'être. Peu à peu, nous remplissons notre rôle, éclairant notre part d'obscurité, et prenant ainsi la responsabilité de l'éclairer de plus en plus. Jusqu'à ce qu'il n'y ait plus du tout d'obscurité !

Ainsi, après des milliards d'années, tout arrive à un équilibre parfait, à une harmonie parfaite, à une apogée éblouissante. Et tout cela est contenu dans le mental cosmique parfait.

L'école Est Finie

Impuissante, je m'assieds sur une chaise à proximité, les larmes coulant sur mes joues. La vie la quitte lentement et je suis complètement désespéré de ne rien pouvoir faire pour l'aider. Elle n'est plus jeune, mais cette belle femme est toujours aussiJe pourrais donner beaucoup à ce monde. Comme c'est injuste que la vie se termine maintenant, alors que ses qualités sont si nécessaires ! Talentueux, compatissant, plein d'abnégation - il y a si peu de gens comme ça ! Elle vivrait et vivrait encore...

Sournoisement j'essuie mes larmes, mais de qui aurait honte ? Il est clair que tout le monde dans cette salle éprouve les mêmes sentiments que moi. Si seulement nous pouvions faire quelque chose ! Mais rien ne peut être fait et le rideau sur sa vie se baisse lentement. C'est la vie. C'est "la mort". Seulement la mort n'arrive pas ! Les enseignements ésotériques disent que nous naissons sur le plan physique selon la Loi de Limitation, et que nous « mourons » selon la Loi de Libération. Nous reviendrons très bientôt sur ce qui est dit dans les Enseignements de Sagesse au sujet de notre Retour à la Maison. Mais d'abord, imaginez que nous sommes dans un théâtre. Bien que nous sachions que les acteurs jouent sur scène, l'action semble très crédible et nous ressentons de vrais sentiments. Mais le spectacle se termine, et nous nous souvenons qu'une vie encore plus réelle nous attend, notre monde réel. Comparé au monde du spectacle, notre monde a plus de dimensions ; c'est quand même bien plus intéressant d'y vivre qu'au théâtre, aussi passionnante soit la mise en scène. Combien plus réelle, intéressante et vivante notre vie sera-t-elle lorsque nous reviendrons du théâtre du plan physique à notre vraie Maison, où il y a encore plus de dimensions !

Voyons maintenant ce que notre établissement a à dire à ce sujet. On ne nous propose pas un grand choix. On peut accepter le dogme de la science moderne selon lequel la mort détruit complètement la personnalité. Ou vous pouvez accepter l'un des enseignements religieux sur la vie après la mort: soit un service religieux sans fin vous attend, soit un tourment éternel, le plus terrible qu'une personne puisse inventer. Il n'est pas surprenant qu'avec une telle perspective, de nombreuses personnes s'accrochent farouchement à la vie. (Il est intéressant de noter que ceux qui se considèrent comme les plus dévots apprécient souvent la vie sur le plan physique encore plus que ceux qui se disent athées.)Nous devons élever notre conscience et ne pas être limités par ces dogmes ! Nous pouvons profiter de l'un des nombreux cadeaux qui sont maintenant offerts à l'humanité - l'opportunité de comprendre en profondeur la transition que nous qualifions à tort de "mort".

Quelque chose peut être appris de la soi-disant "expérience de mort imminente" (EMI). De tels cas sont largement décrits et généralement reconnus. Quelles réponses donnent-ils aux questions éternelles sur la mort : Que ressent une personne lorsque l'âme quitte le corps ? Qu'est-ce qu'une personne éprouve lorsqu'elle se sépare de tout ce à quoi elle est habituée?Et que se passe-t-il après la transition ? Je présenterai ma propre compréhension, basée sur l'analyse des informations dont dispose l'humanité sur « l'autre côté ». Tous ceux qui ont vécu la mort clinique disent avoir vécu un état joyeux. Une fois qu'ils ont "traversé" et vu la Lumière (avec l'aide des êtres qui habitent ces royaumes), ils ont connu un tel

bonheur qu'ils ne voulaient plus revenir en arrière.
Où est la peur ?

Les Enseignements de la Sagesse Éternelle confirment ces impressions des survivants de NDEet parler du grand sentiment de libération que nous ressentons lorsque nous ne sommes plus accablés par le corps qui nous a tant limités. Derrière ce sentiment de liberté vient la réalisation de larges opportunités pour avancer vers la Lumière et ainsi renforcer sa croissance spirituelle. Certains pourraient dire, eh bien, à quoi cela sert-il? La "croissance spirituelle" ne semble pas très excitante comparée aux joies du plan physique. Mais qu'en est-il du plaisir? Et les fêtes ? Et les aventures ? Et les plaisirs sensuels ?Oui, en effet, la « matière » nous donne des joies temporaires (cependant, une douleur intense), et c'est la séduction de ces énergies grossières qui nous tente de retourner dans le monde physique, en nous incarnant encore et encore, jusqu'à ce que, finalement, nous le dépassions.

Dans des cas exceptionnels, les corps astraux de ceux qui sont trop absorbés sensuellement peuvent même devenir "terrestres" après avoir quitté le corps physique. Résistant à l'appel de la vie supérieure, les restes d'énergies astrales sont revêtus de substance éthérée et se transforment en "esprits". Parfois, ils essaient même de s'emparer du corps d'une personne vivante. Évidemment, si une personne est immergée dans les sensations du plan physique et le désir de l'astral, elle n'est pas encore prête pour les joies profondes et éternelles d'une vie plus élevée et plus large. Pour donner une analogie : si vous demandez à un enfant de choisir entre une glace et aller au théâtre ou à un concert, la plupart des enfants choisiront une glace. Mais un adulte plus développé intellectuellement est beaucoup plus susceptible de préférer un événement culturel. Étant donné que la majeure partie de l'humanité est encore au stade enfantin du développement de la conscience, il n'est pas surprenant que nous choisissions encore de retourner à une vie insouciante et frivole. Et il en sera ainsi jusqu'à ce que nous apprenions enfin toutes les leçons nécessaires qui nous sont préparées sur le plan physique. C'est alors que nous "Laissons les jouets de côté" pour toujours.

Maintenant que la planète devient de plus en plus éclairée, de nombreuses personnes en profiteront pour grandir et choisir la vie plutôt que la vie. Tout ce qui précède donne une raison suffisante pour que les proches ne « gardent » pas la personne qui les quitte. Après tout, il est évident que, pleurant beaucoup nos défunts, nous ne leur fournissons pas un champ énergétique favorable. Ne serait-il pas préférable de les escorter vers un nouveau monde immense avec joie et bons mots d'adieu ? Nous devons également comprendre que la mort du corps physique et du cerveau est une grande aubaine, en particulier pour le règne humain. Pouvez-vous imaginer la lenteur avec laquelle nous nous développerions si nous vivions éternellement ? Même dans les "pauses" entre les incarnations, beaucoup aspirent encore au familier, et dans la prochaine vie, ayant de nouvelles opportunités, ils utilisent leur libre arbitre pour revenir à l'ancien. Autre grande bénédiction : il ne nous est pas donné de connaître notre avenir. Ce que nous devons savoir, nous l'obtenons dans les rêves, les visions et les signes, mais nous sommes autorisés à déterminer notre propre destin par le libre arbitre.

Continuons à parler de notre transition. Selon les survivants de NDE, nous éprouvons le sentiment que toute notre vie passée "passe devant les yeux". Il n'y a rien d'impossible à cela, comme cela peut paraître à première vue, car notre compréhension du temps est basée sur le concept développé par notre cerveau physique, qui le perçoit comme linéaire, uniforme et unidirectionnel. Alors que nous quittons le monde physique et trouvons notre maison dans les royaumes supérieurs (plus fins), nous ferons l'expérience du "temps" d'une manière très différente. C'est ce qui se passe dans l'état de conscience appelé « sommeil » : on rêve un très long sommeil, et quand on regarde l'horloge, il s'avère qu'on a fait une petite sieste. Cela se produit aussi dans l'autre sens : il nous semble que nous avons un peu dormi, mais au réveil, nous constatons que nous avons dormi pendant de nombreuses heures.

Le sommeil et les rêves peuvent nous en apprendre beaucoup sur ce que nous appelons la mort.

Dans le processus décrit, il est important que nous revoyions nos vies, que nous revivions nos relations avec les autres à tous les niveaux. Dans ces moments, nous éprouvons du bonheur ou de la douleur - des sentiments qui sont apparus chez ceux avec qui nous avons communiqué. Nous sommes confrontés à toutes les joies et à toutes les peines que nous avons nous-mêmes causées et, par conséquent, nous ressentons la même chose que d'autres personnes ont vécue avec nous - rien ne s'échappe, aucun secret ne reste. On se souviendra de tout - douleurs physiques, expériences émotionnelles, tourments mentaux et toutes les bonnes choses. Et aussi le bon, le mauvais et le laid.

Étant donné que le temps semble différent dans cet état, nous regardons parfois nos vies "à l'envers", et il est alors plus facile de voir les causes de nombreux événements. Ce procédé rappelle quelque peu le dogme du purgatoire. (Par conséquent, soit dit en passant, l'Enseignement de Sagesse recommande qu'avant d'aller dormir, nous nous souvenions du jour où nous avons vécu et essayons de corriger mentalement tout ce que nous avons fait.)Vous pouvez demander : qu'en est-il de ceux qui servent le mal, les forces obscures ? Qu'advient-il de ces êtres qui s'accrochent à la matière, qui préfèrent rester dans le domaine sensuel, déclarent consciemment la guerre à toute forme d'illumination et d'Amour ? Qu'en est-il de ceux qui sont responsables d'entraîner des personnes spirituellement faibles dans des guerres sans fin, d'inciter à la haine, d'alimenter la cupidité, de les exploiter ? Puisque leurs énergies résonnent avec les niveaux les plus bas et les plus sales du plan astral, ils y vont après la mort. C'est une sphère de ténèbres dans tous les sens du terme, une dimension dans laquelle il n'y a absolument aucune bonté, vérité, beauté. (Nous, les humains, aidons à créer ces royaumes inférieurs avec nos pensées et nos actions les plus grossières alors que nous sommes encore dans la chair.)

Ce niveau inférieur de l'au-delà semblerait être un enfer pour toute personne éveillée. Seuls les êtres qui n'ont absolument aucun lien avec leur propre Âme peuvent entrer dans un tel environnement. Mais de telles personnes existent vraiment, elles sont faciles à trouver dans les pages de l'histoire, et parfois parmi nous. Certains arrivent même au pouvoir, et ils ne sont pas seulement au gouvernement, mais aussi dans les affaires et même dans la religion - partout où l'objectif de division et de stagnation peut être servi. Qu'il suffise de dire que nous monterons (ou serons attirés) à un tel niveau qui résonne avec nos actions dans la vie sur le plan physique et, de plus, nous donne le maximum d'opportunités pour apprendre toutes les leçons nécessaires. Tout y est - du beau bonheur aux terribles enfers. En effet, il y a "de nombreuses demeures" (voir Jean 14:2). Les personnes qui ont consacré leur vie au service planétaire, ont appris à évaluer leurs actions de manière continue et à les corriger correctement, n'ont besoin que d'une petite expérience du niveau inférieur (astral) et se déplacent rapidement vers des sphères supérieures, plus proches de l'Âme. . Pour eux, le temps passé au "purgatoire" passe vite.

Ensuite, nous faisons la transition vers les sphères, qui dans différentes religions du monde sont appelées "ciel", "paradis", devachan, etc. Pendant notre séjour temporaire au ciel, nous avons des opportunités et des expériences plus élevées. Là, nous pouvons développer davantage les qualités positives que nous avons acquises dans des vies antérieures. Dans le monde "céleste", nous ne sommes plus accablés par les énergies des désirs et des émotions grossières - elles ont été effacées pendant notre séjour dans le monde astral. Maintenant, nous sommes séparés des forces obscures.

Nous pouvons utiliser tout ce qui, à un niveau supérieur, correspond aux bibliothèques humaines, aux musées, aux universités. Les sphères mentales supérieures et encore supérieures contiennent toutes les sphères les plus précieusesconnaissance du monde et le meilleur de la culture.

Le temps qui nous est imparti passera (bien que le temps n'y soit pas linéaire, mais ilil y a encore !) rester dans un monde supérieur, et nos désirs insatisfaits, notre karma et nos besoins de la Planète nous attireront vers une nouvelle vie sur Terre. Et puis nous redescendons dans le plan astral et nous nous adaptons à nouveau aux énergies de ce monde, car bientôt nous aurons une nouvelle incarnation et nous serons soumis à leur influence. Lorsque vient le temps de la "réincarnation" (nouvelle incarnation), notre Âme et les "Seigneurs du Karma" choisissent les énergies de l'environnement et de la famille (parmi ce qui est) qui conviennent le mieux à la prochaine étape de notre croissance. Je dois dire qu'en raison de l'ignorance, du mal, de la surpopulation, beaucoup de ceux qui reviennent dans notre monde ont des perspectives très sombres. Cependant, on nous donne une situation (environnement) - encore une fois, à partir de ce qui est disponible à ce moment-là - qui offrira les meilleures opportunités.

Si nous parlons d'illumination supplémentaire, alors seules quelques personnes sur un grand nombre réalisent quelque chose dans chaque vie, car fondamentalement, une personne passe sa prochaine vie à répéter le chemin qu'elle a parcouru, elle réapprend ce qu'elle a déjà commencé à comprendre dans les vies antérieures. Par conséquent, il faut beaucoup de temps pour, pour ainsi dire, "prendre de la vitesse". Et là, nos têtes sont généralement déjà remplies d'idées de séparation, car les forces obscures veulent que nos esprits restent fermés. Beaucoup de gens passent la majeure partie de leur vie à satisfaire des besoins matériels et des caprices misérables, et c'est là qu'ils voient le sens de la vie. Par conséquent, beaucoup d'entre nous doivent vivre de nombreuses vies avant de s'engager enfin sur le chemin de l'ascension vers l'esprit et la conscience, et pour cela, nous avons besoin de beaucoup d'expérience de vie. Dans différentes vies, nous pouvons avoir des traits de personnalité différents, déterminé par un Faisceau particulier ; nous naissons sous différents signes du zodiaque, dans différentes nationalités, etc. On nous donne les corps les mieux adaptés pour le prochain cours de cours. Le genre change également périodiquement, donc dans certaines vies, il peut y avoir un «échec» de l'orientation sexuelle, mais avec le temps, à la fois chez un individu et dans le monde, tout s'harmonise.

Quand on comprend qu'une personne a plusieurs vies, il est facile de comprendre quepourquoi les enfants de certains parents sont si différents : un enfant est calme et l'autre est bruyant, joyeux ou arrogant. Les traits génétiques reçus des parents ne contribuent qu'au corps physique. La base de la personnalité s'est formée au cours d'un nombre infini de vies (et continuera à se former). Mais la personnalité est aussi transitoire. L'Être Primordial est transféré d'une vie à l'autre par l'Âme immortelle. Il est important de se souvenir d'une vérité de plus : nous avons plusieurs vies, et tôt ou tard nous vivrons (ou du moins verrons de première main) presque toute l'expérience humaine. Chacune de nos actions - bonnes ou mauvaises - fournit une réponse (karma). Par conséquent, pour toutes les vies que nous avons vécues et que nous vivons encore, nous causerons apparemment les autres, et nous connaîtrons nous-mêmes tout ce qui peut être causé et vécu. Puisque beaucoup de nos actions étaient et sont mauvaises, elles nous reviennent (le karma !) et répondent par des expériences très désagréables. Mais dans des vies ultérieures, lorsque nous serons tentés de répéter les mêmes erreurs, à un certain niveau, nous nous souviendrons de la douleur qu'elles ont déjà causée à nous et aux autres.

C'est ainsi que nous commençons à développer le discernement qui mène à la sagesse. C'est l'une des raisons pour lesquelles une "jeune âme" et une "vieille âme" se retrouvent dans la même situation et prennent des décisions différentes.l'un est incorrect et l'autre est correct. Bien sûr, le karma "positif" est accumulé par les bonnes actions. L'Univers nous enseigne avec de telles méthodes, et à la fin nous apprendrons à agir correctement. Je pense que lorsque nous ferons la transition et qu'une perspective plus large s'ouvrira à nous, nous regarderons en arrière et la vie ressemblera à une journée normale à l'école, dont il y en a beaucoup : la cloche sonne - et nous sommes heureux pour une courte pause . Je voudrais souligner ici qu'il y a beaucoup à apprendre en réfléchissant à ce modèle d'école. Il est très important de savoir que ce modèle, qui s'est tellement répandu ces derniers temps, reflète assez adéquatement la Vie, bien qu'à un niveau inférieur (encore une fois, la Loi de Correspondance). Et l'éducation gratuite et publique universelle est une réalisation très importante dans la croissance spirituelle du règne humain. Par conséquent, les forces obscures tentent par tous les moyens d'interférer avec cette institution. Toutes les tentatives visant à faire en sorte que les gens restent ignorants et limités dans leurs opinions et leurs croyances rendent service aux forces obscures ! Afin d'élargir la conscience et de grandir spirituellement, nous avons besoin d'une étude continue, et cela devrait être encouragé par tous les moyens.

En comparant la vie avec une journée d'école, on peut continuer l'analogie : après avoir passé plusieurs jours (vies) à l'école, on passe à la classe supérieure, ou à un niveau supérieur. Nous recevons une promotion, ou "initiation" spirituelle (initiation). Bien que toutes les personnes (dans le tableau d'ensemble de la Vie) aient les mêmes opportunités d'avancer sur le chemin de l'Amour et de la Lumière, il est facile de voir que les gens sont à différents niveaux dans l'école de la vie. On voit que la majorité des gens sont encore, pour ainsi dire, dans les « classes primaires ». Il y a plusieurs raisons à cela : tout le monde n'est pas entré dans le monde humain en tant qu'individu en même temps (comme mentionné précédemment). Par conséquent, ceux qui « vont à l'école » depuis plus longtemps, et qui ont donc acquis plus d'expérience de vie (et d'expérience de vie), sont considérés comme des « vieilles âmes », et ils peuvent avoir une longueur d'avance ou deux. Un autre facteur très important est que certaines personnes font plus d'efforts et utilisent plus d'opportunités, donc (comme dans n'importe quelle classe scolaire) elles progressent plus rapidement. Et d'autres ne se soucient pas d'étudier, ils ne voient pas leurs capacités et prennent du retard. Soulignons encore : il est très important de s'entraider. c'est pour le bien de tous !

Grâce à l'expérience de vie (étude), nous allons de l'ignorance à la connaissance. Lorsque le chakra du cœur s'ouvre, nous combinons la connaissance avec l'amour et le discernement. C'est alors que nous commençons à gagner en sagesse. Dans les enseignements, cela s'appelle la transition du « Palais de l'Ignorance » au « Palais de l'Apprentissage » et au « Palais de la Sagesse » (voir, par exemple : Alice Bailey, « Initiation Humaine et Solaire », p. orig. dix) . Ici, je voudrais revenir au "nouveau groupe de serviteurs du monde" que j'ai mentionné en passant plus tôt. C'est à ce stade que nous arrêtons de blesser intentionnellement les autres et commençons à aider consciemment les autres. C'est là que commence le sens des responsabilités. C'est à ce stade que nous devenons des personnes de bonne volonté, qui ne cherchent pas à "conquérir" les autres, mais s'efforcent de faire en sorte que tout le monde gagne. Ensuite, nous devons passer par la partie probatoire du Sentier du Discipulat. L'âme nous appelle de plus en plus à servir les gens, et donc toute la Vie sur la planète, dont nous faisons partie. Il y a aussi des changements dans nos croyances, comme nous l'avons vu dans la section précédente du livre. Le temps des réflexions et des recherches vient, et lorsque nous devenons ouverts et commençons à percevoir de nouvelles idées, l'ancienne idéologie ne nous satisfait plus.

Cette étape est appelée "candidat": nous nous efforçons de grandir spirituellement, mais nous manquons encore de capacité de discernement. Attention : il est facile de se laisser emporter par de nouveaux enseignements qui sonnent beaux et impressionnants (mais qui peuvent être vides), il est aussi possible de ne pas croire aux anciennes croyances et de « jeter le bébé avec l'eau ». Gardez tout le meilleur, le vrai et le beau des anciennes traditions. Et apprenez à discerner. À la fin, nous cessons d'être des amateurs et réalisons que le travail spirituel est un travail sérieux, bien que joyeux.

Avec le temps, le plan physique et ses illusions n'exercent plus leur influence sur nous, et nous commençons à vaincre l'attraction de la matière. Nous commençons à nous concentrer sur des niveaux supérieurs et à contrôler nos désirs physiques. Cette première étape est très significative et importante. Il est alors beaucoup plus difficile d'apprendre à ne pas succomber au charme de l'astral et du monde et à établir un contrôle sur les désirs et les émotions inférieurs. Pour ce faire, vous devez devenir plus raisonnable, puis la Lumière apparaîtra, ce qui dissipera les brumes du plan astral. C'est la deuxième étape importante.

Ensuite, lorsque le mental inférieur a fait son travail, il doit, lui aussi, rejeter les illusions de supériorité et céder la place à la Lumière supérieure de l'Ame, qui nous relie à notre Triade Spirituelle (qui, je vous le rappelle, consiste en abstrait ou Esprit Supérieur, le chakra du cœur Amour-Sagesse et notre Volonté Divine). C'est la troisième étape très importante de notre évolution ! La réussite de ces trois années (et d'autres) du "lycée" est une étape de "l'initiation spirituelle". Il a déjà été dit qu'au cours d'innombrables incarnations, notre conscience grandit jusqu'à ce que nous soyons enfin prêts à « ranger nos jouets » pour toujours et à commencer à apprécier le Réel.

Arrivés à ce point important de notre évolution spirituelle, nous apprenons enfin toutes les leçons nécessaires du plan physique, et nous n'avons plus besoin d'y retourner. Lorsque la plupart des gens finiront par terminer leur expérience d'apprentissage terrestre, nous deviendrons des êtres spirituels. Et certains « diplômés » assumeront le rôle d'enseignants. Parce que nous ne pouvons pas voir de tels enseignants avec l'œil physique, beaucoup nient leur existence. Mais, devenant plus sages, nous ressentons de plus en plus leur aide. Et ils deviennent de plus en plus réels pour nous.

Les enseignants de l'école de la vie sont ceux qui aident les gens, et nous en avons déjà parlé. Dans les traditions spirituelles du monde, ils sont appelés différemment :Fraternité de Lumière, Hiérarchie Spirituelle, Mentors, Maîtres, etc. Ils sont dirigés par le Grand Enseignant (Sauveur, Avatar) de l'humanité. Dans différentes religions, il a ses propres noms (titres), mais il est reconnu par toutes les traditions spirituelles. Mais même dans les sphères supérieures, nous aurons toujours quelque chose à rechercher et quelque chose à faire. Nous aurons toujours accès à une nouvelle expansion de Vie jusqu'à ce jour lointain où le Cosmos deviendra parfait et complet. Le contenu principal du livre a déjà été énoncé, mais un secret de plus doit être dit. A notre époque, l'humanité doit apprendre un autre type d'énergie. Le mot qui lui convient le mieux dans notre langue est synthèse. Dans les Enseignements de Sagesse, cet événement capital est décrit comme « la venue de l'Avatar de Synthèse » (voir, par exemple : Alice Bailey, «

Nous n'avons aucune idée de l'ampleur de l'impact de cette énergie sur l'humanité et sur toutes les formes de vie sur Terre. On le sait à la mode : cela conduira à une croissance bénéfique de la conscience de toutes les composantes de la Vie planétaire.Ceux qui ont lu les sections précédentes de ce livre seront probablement soit

a) d'accord avec une grande partie de ce qui a été dit

b) considérera que tout cela est en gros un non-sens.

D'une manière ou d'une autre, je suis pleinement conscient que seul le temps peut confirmer ou infirmer la vision du Cosmos présentée ici. Mais vous constaterez, j'en suis sûr, que votre vie et votre expérience ne contredisent aucune des affirmations que j'ai faites. Au contraire: avec eux, il est possible non seulement de relier tout ce qui se passe, mais aussi de le justifier beaucoup mieux qu'à partir d'autres positions. Nous n'avons tout simplement plus besoin d'essayer d'insérer de grandes tiges rondes dans de petites fentes carrées. Et pour ceux d'entre vous qui sont prêts à arrêter d'essayer d'enfermer leur réalité dans des systèmes de croyances limités, laissez-moi vous rappeler : la cosmologieLes «écoles de mystère» n'ont jamais été destinées à remplacer les croyances ou les théories scientifiques existantes. Cet Enseignement est appelé à donner aux gens une "grande Vérité" dans laquelle la plus haute et la plus pure de ces visions du monde peut s'unir. Ces points de vue n'ont pas été donnés en vain à l'humanité, et beaucoup reste à venir.

Regarder En Arrière Depuis Le Futur

Revenons maintenant de notre avenir aux deux premières décennies du XXIe siècle et au XXe siècle précédent. Vous pouvez même capturer quelques autres siècles du dernier millénaire, lorsque nous avons commencé à ressentir l'influence du nouvel âge à venir. Nous y voyons une période merveilleuse de grandes découvertes et de changements significatifs qui ne se produisent qu'à la fin d'une ère et au début d'une autre. C'est une période de transformation fondamentale de la planète entière. Pourtant, nous nous intéressons davantage au XXe siècle. Nous y voyons l'Armageddon prédit dans les écritures et les mythes du monde. Une guerre prolongée en trois étapes.

La première étape était principalement physique - nueagression agressive. La deuxième étape, encore plus physique, touche néanmoins l'astral inférieur : les idéologies du mal tentent de réprimer le désir grandissant de liberté et de bonne volonté sur toute la planète. Heureusement, la troisième étape s'est déroulée principalement dans le plan astral et sur les niveaux inférieurs du plan mental - on l'a appelée la "guerre froide". Dans les petits pays, cependant, la guerre se déroulait toujours sur le plan physique et s'accompagnait d'effusions de sang abondantes, c'est-à-dire qu'elle n'était certainement pas «froide».

Ce n'est qu'après la quarante-deuxième année du vingtième siècle que les forces obscures ont finalement commencé à s'affaiblir, mais plus de quarante ans se sont écoulés avant qu'un certain grand disciple n'arrive aux leviers du pouvoir mondial en 1985, sous lequel la fin de la dernière étape de la guerre a commencé et la liberté et la bonté ont recommencé à se répandre. sera. Mais alors que les dernières flammes du feu mondial s'éteignaient, de nouveaux foyers de tension ont commencé à couver à certains endroits - principalement dans les endroits où régnait le dieu de l'argent. (Les croyants en lui apprendront tôt ou tard à quel point les faux dieux sont vulnérables et inconstants.)

Puis, sur les cendres du siècle qui passe, la liberté est apparue pour la première fois dans la majeure partie du monde, et avec elle plus de Lumière. Les gens ont interagi à un tel rythme et de tant de manières que les forces de séparation n'ont pas eu le temps d'interférer avec eux. Les multinationales forçaient les gens à travailler ensemble, et il y avait collaboration, du moins au niveau professionnel. De plus en plus de grandes formations étatiques sont apparues, qui ont coordonné leurs activités avec d'autres du même genre (au début, principalement dans les domaines de l'économie et de la sécurité mondiale). Enfin, il est devenu clair que la force militaire perdait de son importance, et les connaissances et les informations devenaient de plus en plus pertinentes. En conséquence, de plus en plus de forces ont commencé à se concentrer sur l'étude de la Terre, puis de l'espace proche de la Terre. (Bien que les forces des ténèbres continueront à soutenir la force militaire au détriment de la connaissance, de l'art et de la culture.)

À la fin du millénaire, beaucoup attendaient qu'une sorte de cataclysme mondial se produise ou même la fin du monde. Mais rien de tel ne s'est produit, et lorsque la tension s'est apaisée, ces mêmes personnes ont pour la première fois ressenti la possibilité de vivre en paix. Il est difficile de croire maintenant que nous, les humains, avons causé tant d'horreur sur nous-mêmes et les uns sur les autres. Mais les forces des ténèbres sont enfin "liées", et devant nous s'ouvre l'opportunité d'entrer dans un nouvel âge d'or. L'ère des Poissons est remplacée par l'ère du Verseau, et la coopération de groupe est remplacée par le fanatisme individuel. Faut saisir l'instant !

Nous sommes dans de grands changements.

À l'aube du XXIe siècle, des choses étonnantes ont commencé à se produire. On constate que de plus en plus d'organisations et même de gouvernements sont dirigés par des leaders éclairés. Pour changerdes "leaders" myopes, limités et myopes sont venus une nouvelle race de personnes qui ont vu une image plus large du monde et ont travaillé non pas pour leurs propres intérêts, mais pour le bien commun. Après encore deux décennies, la plus grande bénédiction est finalement arrivée : l'Enseignant du Monde "a réapparu" pour aider à sauver la planète. Bien sûr, beaucoup de gens ne reconnaissent toujours pas la grandeur de cet Être, car cela ne correspond en rien à leurs préjugés. Nous sommes encore esclaves de nos habitudes. Des personnes limitées, soutenant des systèmes de croyances rigides, résistent farouchement à la sagesse dont fait preuve ce grand sauveur du monde.

Un leadership éclairé est en train de s'établir sur toute la planète. De nouvelles énergies colossales se manifestent, provenant à la fois de sources planétaires supérieures et de royaumes extraterrestres, et nous entrons enfin dans le millénaire doré. Pendant tout le temps de l'existence de l'humanité sur la planète, une telle ère ne s'est pas encore produite.Est-ce que ce sera vraiment comme ça ? Attend et regarde.

Le Grand Appel

Vers le milieu du XXe siècle, un outil spirituel important a été donné à l'humanité. Elle est connue sous le nom de Grande Invocation. Son application et sa compréhension sont très utiles pour l'ascension spirituelle d'une personne. Tout d'abord, il convient de souligner que nous, les gens, sommes capables d'invoquer les énergies divines, qui (bien qu'elles soient souvent ignorées) sont toujours disponibles pour nous. Avec l'avènement du Septième Rayon du rituel, du rythme et de l'organisation, la science de l'invocation - et c'est précisément la science - entrera de plus en plus dans la conscience des gens, car l'invocation correcte est exactement ce qu'est un rituel organisé et rythmé.

Lorsque la prière, la méditation, l'hymne, etc., sont utilisés comme une invocation et que des efforts sincères sont faits, par la loi de résonance, ils évoquent une réponse à des niveaux supérieurs. Plus les gens utilisent un appel et plus il est fait souvent, plus il devient puissant et efficace en raison de l'effet cumulatif. Et plus le niveau de conscience spirituelle dans lequel l'appel est "emballé" est élevé, plus sa puissance est grande. Engager notre conscience spirituelle supérieure dans l'invocation de hautes énergies garantit également que ces énergies ne sont pas utilisées à des fins égoïstes, mais au service du monde entier, pour contribuer à l'illumination de notre planète et de toutes les formes de vie qui y existent. Voici l'appel :

Du point de Lumière qui est dans l'Esprit de Dieu,

Laisse couler la Lumièredans l'esprit des gens.

Que la Lumière descende sur la Terre.

Du point de l'Amour dans le Cœur de Dieu,

Laissez l'Amour couler dans le cœur des gens.

Que le Christ revienne sur terre.

Du Centre où la Volonté de Dieu est connue,

Laissez le Dessein diriger les petites volontés des gens —Le but, sachant lequel, les Enseignants servent.

Du centre de ce que nous appelons la race humaine,

Que le Plan d'Amouret la lumière se réalisera

Et la porte derrière laquelle le mal sera scellé.

Que la Lumière, l'Amour et le Pouvoir soient restaurés -

Planifiez sur Terre.

Au fur et à mesure qu'une personne médite et utilise la Grande Invocation, il lui devient de plus en plus clair que de ce don simple mais très profond et puissant, l'humanité peut tirer de nombreux niveaux de sens, aspects de perception (et résultats pratiques).Je voudrais présenter ici ce que j'appelle la "visualisation scientifique" de la Grande Invocation. A mon avis, le terme "scientifique" se justifie par le fait qu'il correspond à la réalité, et je vais essayer de le montrer. Et la « visualisation » en général est une participation mentale pleinement consciente au processus qui doit être réalisé.

En d'autres termes, je vais essayer de montrer comment on peut "voir" le processus spirituel aux niveaux où nous vivons et que, par conséquent, nous pouvons pleinement comprendre.

Première Strophe :

Du point de Lumière qui est dans l'Esprit de Dieu, Laissez

la Lumière couler dans l'esprit des gens. Que la Lumière

descende sur la Terre.

Le "Point de Lumière qui est dans l'esprit de Dieu" est plus haut, bien plus haut que notre compréhension la plus élevée. Cette Lumière, l'image visible de l'Esprit, ou conscience supérieure, est née dans ce que nous pouvons percevoir comme l'esprit (ou l'aspect mental de la trinité) de Dieu. À partir de ce point d'intelligence la plus pure, la Lumière divine afflue continuellement dans tous les règnes de la nature, y compris les règnes divins, le règne humain, les règnes inférieurs et ceux qui sont généralement inconnus de l'homme. C'est une conscience qui a toujours été infusée et sera toujours infusée dans nos esprits. Ce n'est rien d'autre que de l'énergie cosmique, le troisième aspect ou Rayon de la Divine Trinité. Une force énorme qui amène l'humanité à un niveau efficace et raisonnable de grande Vie. Le résultat final de ceci est l'Illumination !

La lumière (ou la conscience de Dieu) doit descendre de ses niveaux et, si vous voulez, fructifier avec elle toutes les vies dans tous les royaumes de notre Terre. Au fil du temps, cela conduit à la croissance et à l'expansion de la conscience de tous les niveaux de l'être.Si nous imaginons notre Soleil comme un symbole (ou une correspondance inférieure) de "l'Esprit de Dieu", et la lumière émise par celui-ci comme la personnification d'un plan mental supérieur, alors nous pouvons voir comment ces énergies "fluent", "descendent vers la Terre" et pénètrent directement ou indirectement dans "l'esprit des gens". Sur le plan physique, nous savons que le Soleil est la source de toute vie sur la planète et que sous l'action de la lumière solaire (et aussi des vents solaires, des taches solaires, etc.), de profonds changements s'opèrent dans tous les règnes de la nature.

Deuxième Strophe :

Du point de l'Amour dans le Cœur de Dieu,Laissez

l'Amour couler dans le cœur des gens. Que le Christ

revienne sur terre.

Il est facile d'imaginer comment la Lumière circule, mais comment visualiserAimer?

Je vais me concentrer sur l'une des raisons pour lesquelles ce n'est pas si facile à faire. Tout d'abord, il faut souligner que la première strophe est liée au Troisième Rayon d'énergie cosmique et, par conséquent, à l'énergie solaire.système qui a précédé le nôtre. En tant que système solaire de troisième rayon, il nous a donné au moins la première idée de la Lumière. Ce que nous appelons "l'Amour Divin" est encore un concept nouveau pour nous, car nous en sommes aux stades relativement précoces de notre système solaire actuel, qui est le deuxième système solaire (d'une série de trois) et appartient au Second Rayon. C'est dans ce système solaire que l'Amour Divin sera ancré sur Terre. Bien que l'Amour Divin soit loin d'être pleinement matérialisé sur les plans de notre conscience, il me semble qu'il commence à se manifester de manière accessible à notre perception. Par exemple, je proposerais de se tourner vers la couleur : en passant par un prisme, la lumière forme les couleurs, les sept couleurs spirituelles. Ils peuvent être l'une des manifestations physiques de l'amour. Ou prenez la musique : il y a sept notes dans une octave. Pour atteindre l'harmonie, il faut être capable de distinguer à la fois le son et la couleur, ainsi que connaître les mesures et les bonnes combinaisons. En étudiant les proportions harmonieuses, on plonge involontairement dans les lois de la géométrie et des mathématiques, le nombre d'or, etc.

Tout cela conduit à la beauté, et la beauté est l'expression de l'Amour dans la matière. Cela ne signifie-t-il pas que "le point d'Amour qui est dans le Cœur de Dieu" nous, les gens, pouvons-nous imaginer comme le centre de la beauté la plus pure, qui, « coulant dans nos cœurs », devient compassion, altruisme et tout ce qu'il y a de mieux chez une personne ? En fin de compte, toutes ces qualités, chacune à sa manière, sont nées de la capacité de distinguer les proportions et les relations correctes. Nous savons que le Plan Divin d'Amour ("Plan Bouddhique") fait référence au Deuxième Rayon d'Amour-Sagesse et avec lui à des qualités exprimant la bonne relation comme la raison pure, l'intuition, la miséricorde, une vision holistique du monde, la compassion, l'altruisme, etc.

Par conséquent, je suggère que la beauté que nous

percevons dans l'art, la musique, les chefs-d'œuvre architecturaux et d'autres objets du plan physique est le reflet le plus bas (que nous pouvons visualiser) des qualités supérieures et plus subtiles énumérées ci-dessus. En visualisant "l'amour coulant dans le cœur des gens" (et dans le cœur de l'humanité), nous pouvons imaginer de belles couleurs et de la musique - "la musique des sphères". (Et l'incroyable beauté de la nature.)

Lorsque nous rencontrons le mot "Christ", nous nous souvenons immédiatement de la personnalité exceptionnelle vénérée par les chrétiens. Mais ce grand Être est mieux compris comme le messager universel de Dieu qui aime tout le monde indépendamment des croyances religieuses. Dans le monde, il est connu sous une variété de noms et de titres.Donc : si nous appelons ce grand Être à descendre de plus en plus loin dans la matière, dans la sphère où nous habitons - et c'est exactement ce qui se passe maintenant - le « retour du Christ sur Terre » nous aidera certainement à atteindre la beauté jusqu'alors inconnue de la vie.

Troisième Strophe :

Du centre oùLa volonté de Dieu est connue

Laissez le Dessein diriger les petites volontés des gens —
Le but, sachant lequel, les Enseignants servent.

Qui sont les Enseignants ? Ce sont des êtres développés qui aident le Sauveur du Monde à élever sa conscience. Nous les appelons spirituelsMentors, Maîtres, Seigneurs ou Hiérarques Spirituels de notre planète. Puisque cette strophe fait référence aux énergies du Premier Rayon, les mots clés ici sont "Volonté" et "Objectif". Parlons d'abord de l'objectif. Pour autant que nous puissions comprendre à notre niveau humain, le but divin est d'élever et d'étendre la conscience dans toutes ses manifestations. Ou, en d'autres termes, ramener l'Univers à la perfection par l'évolution spirituelle.

Encore une fois, au niveau humain, cela est accompli en invoquant l'énergie de la Lumière du Troisième Rayon, l'énergie de l'Amour du Deuxième Rayon (versets un et deux) et l'énergie de la Volonté Divine du Premier Rayon (verset trois). Mais dans le processus d'accomplissement du Plan Divin, des purifications constantes sont nécessaires, car certaines entités résistent à l'illumination et doivent être "refaites" afin d'avoir une autre chance. Une partie de la purification peut être réalisée par l'aspect destructeur du Premier Rayon. Mais ici, il faut le souligner : en fait, rien ne peut être détruit - ni la matière ni l'énergie ; tout est justese transforme en autre chose. Ainsi, le Premier Rayon ne détruit pas plutôt qu'il ne transforme, libère ou refait.

Ainsi, le Premier Rayon remplit plusieurs fonctions : il dynamise la Lumière et l'Amour ; transforme ce qui est nécessaire, et purifie également, séparant les "atomes" non libérés pour les retravailler. Cela peut être visualisé comme suit : tout impur (le mal) est séparé de la vie en évolution et lavé au centre de la Terre pour la purification et la transformation par le feu, puis ramené à la surface pour répéter à nouveau le processus. Sur le plan physique, nous voyons comment cela se passe dans notre corps (les processus de digestion et d'excrétion). Une grande attention est accordée à la Lumière et à l'Amour dans les enseignements ésotériques, ce qui ne peut être dit des processus de purification et de recréation. Mais cette activité importante et nécessaire se poursuit tout le temps, et nous devons y participer consciemment.

Quatrième Strophe :

Du centre de ce que nous appelons la race humaine, Que le

Plan d'Amour et de Lumière se réalise,

Et la porte derrière laquellemauvais.

Après avoir invoqué l'illumination du troisième rayon, la sagesse compatissante du second et le pouvoir focalisé du premier, nous retournons de nouveau au « centre » de la gorge de la planète : le royaume humain.Notre travail (dharma) est de fixer "Le Plan d'Amour et de Lumière" afin que ses énergies dynamiques "s'accomplissent" d'abord dans notre royaume, puis dans tous les autres (ceci est mentionné dans la dernière strophe).

Il est important de souligner que tout dans l'univers est hiérarchique (hiérarchie signifie "pouvoir sacré"), et ce n'est pas une hiérarchie de pouvoir, mais plutôt de responsabilité croissante. Chaque unité structurelle de l'univers a la responsabilité d'aider les représentants des règnes inférieurs. Nous, l'humanité, avec les dévas (anges), sommes ces royaumes les mieux adaptés pour soutenir les règnes animal, végétal et minéral. Cela est possible si vous connaissez les bons ratios et proportions. Ensuite, nous construisons correctement notre interaction avec ces règnes et aidons les énergies de Lumière, d'Amour et de Volonté à descendre vers les règnes les moins développés et vers les plans inférieurs. Et quand tous les royaumes seront éclairés, il n'y aura tout simplement plus de place pour le mal ! En ne participant pas au mal, nous le privons de son pouvoir, et cela contribuera à le "sceller" afin qu'il n'apparaisse plus. Par conséquent, nous appelons au scellement de la «porte derrière laquelle le mal» ou de la matière non libérée et non transformée aux niveaux inférieurs (grossiers) de tous les plans, que nous percevons en fait comme le mal.

Cinquième Strophe :

Que la Lumière, l'Amour et le Pouvoir soient restaurés - Plan on Earth.

Dans la strophe finale, nous visualisons "Lumière, Amour et Pouvoir (Puissance)" émanant des royaumes humains (et supérieurs) pour "restaurer le Plan (Divin) sur Terre".Peut visualiser des myriades de points les lumières de luminosité variable qui représentent ces royaumes, les énergies des troisième, deuxième et premier rayons déjà invoqués, ainsi que les influences extra-planétaires divines. Tout cela est dans la bonne proportion et dans la bonne relation, interagissant et se répandant dans tout le système terrestre pour aider à restaurer le Plan Divin de perfection dont l'humanité a temporairement dévié. Bénédictions aux lecteurs de ce livre : Au nom de la Lumière, au nom de l'amour, au nom du but, nous essaierons de remplir sa part de la Cause Unique. Qu'il en soit ainsi !

www.ingramcontent.com/pod-product-compliance
Lightning Source LLC
Chambersburg PA
CBHW052354220526
45465CB00003BA/1107